Werner Gleißner

Der Vorstand und sein Risikomanager

Werner Gleißner

Der Vorstand und sein Risikomanager

„Dreamteam" im Kampf gegen die Wirtschaftskrise – und gegen das Controlling

UVK Verlagsgesellschaft mbH
Konstanz und München

Prof. Dr. Werner Gleißner ist Vorstand der FutureValue Group AG, Leinfelden-Echterdingen, Honorarprofessor an der Technischen Universität Dresden,

kontakt@FutureValue.de
www.FutureValue.de,
www.werner-gleissner.de.

Bibliografische Information der Deutschen Bibliothek
Die Deutsche Bibliothek verzeichnet diese Publikation in der Deutschen Nationalbibliografie; detaillierte bibliografische Daten sind im Internet über <http://dnb.ddb.de> abrufbar.

ISBN 978-3-86764-633-8 (Print)
ISBN 978-3-86496-851-8 (EPUB)
ISBN 978-3-86496-852-5 (EPDF)

Einbandgestaltung: Susanne Fuellhaas, Konstanz
Einbandmotiv: © pixelrobot – Fotolia.com

UVK Verlagsgesellschaft mbH
Schützenstraße 24 · 78462 Konstanz
Tel. 07531-9053-0 · Fax 07531-9053-98
www.uvk.de

Vorwort

Eine Entschuldigung vorab: Dieses Buch ist böse, pointiert und sicher sind viele der Aussagen ziemlich unpopulär. Im fiktiven Dialog eines Finanzvorstands mit seinem Risikomanager möchte ich auf einige zentrale Probleme im Risikomanagement deutscher Unternehmen hinweisen.

Knapp zusammengefasst: Die Fähigkeit in vielen Unternehmen, Risiken zu analysieren und adäquat im Rahmen unternehmerischer Entscheidungen zu berücksichtigen, ist bedauerlicherweise recht unterentwickelt. Die letzte Wirtschafts- und Finanzkrise hat einige dieser Defizite offensichtlich werden lassen. Die einseitige Orientierung auf die erwartete Rendite und die Schwächen im Risikomanagementinstrumentarium haben die Krise maßgeblich begünstigt. Ich möchte gleich ein mögliches Missverständnis vermeiden: Wenn ich von Risikomanagement rede, meine ich nicht primär die Risikomanagementabteilung oder die nach dem Kontroll- und Transparenzgesetz (KonTraG) aufgebauten Risikomanagementsysteme. Unter Risiko verstehe ich, plastisch ausgedrückt, die Möglichkeit der Abweichung von einem Plan- oder Erwartungswert, was Chancen und Gefahren einschließt. Das betriebswirtschaftliche Risikomanagement eines Unternehmens umfasst also sämtliche Fähigkeiten, mit den Unwägbarkeiten der Zukunft zurechtzukommen. Da niemand die Zukunft sicher vorhersehen kann, ist diese Fähigkeit der wichtigste Erfolgsfaktor, da bei allen wesentlichen Entscheidungen im Unternehmen die erwarteten Erträge und die Risiken gegeneinander abzuwägen sind.

Letztlich geht es damit also nicht „nur" um Risikomanagement, sondern insgesamt um eine risiko- und wertorientierte strategische Unternehmensführung. Das Buch möchte einen Anstoß geben, sich insgesamt mit den Erfordernissen und Hemmnissen beim Ausbau des betriebswirtschaftlichen Steuerungsinstrumentariums in Unternehmen auseinanderzusetzen. Notwendig ist es, wesentliche unternehmerische Entscheidungen adäquat vorzubereiten und die Auswirkungen von Handlungsoptionen auf die Zielgröße der Eigentümer, den Erfolgsmaßstab, risikogerecht zu beurteilen.

Für diese fundierte Entscheidungsvorbereitung sind die Fähigkeiten von Risikoanalyse und risikogerechter Bewertung notwendig, das heißt, insbesondere auch die Berechnung eines Investitions- oder Unternehmenswerts (für eine strategische Handlungsoption) ausgehend von den Ertragsrisiken (und nicht wie bisher in der Praxis üblich basierend auf historischen Aktienkursschwankungen/Beta-Faktor des CAPM).

Und genau diese Fähigkeit ist in den Unternehmen oft nicht sehr ausgeprägt, und zudem fehlt es meist auch noch am notwendigen Engagement, diese Fähigkeit wesentlich weiter zu entwickeln. Die verschiedenen Hemmnisse auf dem Weg zum besseren Umgang mit unternehmerischen Risiken werden im Dialog von Vorstand und Risikomanager deutlich. Es gibt fachlich methodische Kenntnisdefizite, psychologische Barrieren sich mit dem unangenehmen Thema Risiko auseinander zu setzen und schlicht persönliche Eigeninteressen.

Ich habe dieses Buch geschrieben, weil sich meiner Meinung nach bisher kaum jemand wirklich kritisch genug mit den Risikomanagementfähigkeiten von Unternehmen auseinandergesetzt hat.

Meine Kollegen aus der Wissenschaft werden Kritik, wenn überhaupt, so wissenschaftlich fundiert darstellen, dass sie kaum jemand lesen mag. Ich habe bewusst an einigen Stellen auf fachlich wissenschaftliche Exaktheit, die mir sonst sehr am Herzen liegt, verzichtet. Zudem haben viele Volks- und Betriebswirte neoklassischer Prägung, deren überidealisierende Modelle von vollkommenen Märkten ausgehen, sowieso zu diesem Thema nichts zu sagen. In ihrer Welt ohne Konkurskosten, mit perfekt diversifizierten Portfolios, ohne Finanzierungsrestriktionen und dem perfekt rationalen Homo oeconomicus gibt es kaum eine Rechtfertigung für Risikomanagementaktivitäten. Diese Gruppe der Wissenschaftler sollte zunächst beginnen, ihre Modelle etwas realitätsnaher zu gestalten.

Auch von den Praktikern in den Unternehmen, speziell den Risikomanagern und Controllern, ist eine wirklich harte kritische Auseinandersetzung mit den Risikomanagementpraktiken zu wünschen. Aber wohl eher nicht zu erwarten. Viele der im Dialog dieses Buches eingebauten Kritiken habe ich so oder in ähnlicher Form tatsächlich im Vier-Augen-Gespräch von Risikomanagern gehört. Zudem eben oft auch die Sorge, dass zu deutlich geäußerte Kritik nicht unbedingt karrierefördernd sei.

Auch von Wirtschaftsprüfern und Kollegen aus der Beratungsbranche kann man eine angemessene harte Kritik an Mandanten und potenziellen Mandanten im Allgemeinen nicht erwarten. Es herrscht noch immer die möglicherweise oft unbegründete Sorge vor, dass harte Kritik, wenn auch fachlich fundiert, in den Unternehmen nicht gerne gehört wird.

Als Wissenschaftler und Vorstand eines forschungsorientierten Unternehmens, dessen Intention seit Jahren darin besteht, Wissenschaft und Management zu verbinden, habe ich hier möglicherweise etwas mehr Spielraum.

Ich möchte aber einen falschen Eindruck vermeiden. Die Aussage dieses Buches ist keinesfalls, dass alle Unternehmen in Sachen Risikomanagement versagen und auf Ebene von Vorständen oder Risikomanagern nur ungeeignete Personen sitzen. Ich habe sehr wohl auch in hunderten Beratungsprojekten viele hoch kompetente Spezialisten in Vorständen, im Controlling und im Risikomanagement kennengelernt und war bei wesentlichen Entscheidungen auch beeindruckt, wie die Interessen des Unternehmens und seiner Eigentümer gegenüber persönlichen Interessen der Entscheidungsträger in den Vordergrund gerückt wurden. Aber mit diesem Buch möchte ich nicht auf die schon vorhandenen positiven Seiten hinweisen, sondern anregen, sich mit den noch viel mehr verbreiteten Schwächen intensiver auseinander zu setzen.

Ich möchte vor allen Dingen aufzeigen, dass es kaum einen wirklich „guten“ Grund gibt, auf den Ausbau der Risikomanagementfähigkeiten von Unternehmen zu verzichten oder ihn zu verschieben. Der Nutzen des Risikomanagements ist sowieso offensichtlich: Stabilisierung des Ratings, Reduzierung der Wahrscheinlichkeit von Krisen, Transparenz und Verbesserung der Planungssicherheit und die Möglichkeit, erwartete Erträge und Risiken bei Entscheidungen gegeneinander abzuwägen. Die auf dem Weg zum Ausbau des Risikomanagements oft vermuteten fachlich methodischen Probleme existieren in der Regel nicht. In vielen Unternehmen herrscht die Sorge, dass ein bestimmtes wahrgenommenes Problem nicht lösbar sei. Tatsächlich zeigt die Erfahrung aus einer Vielzahl von Projekten, dass meistens die Lösung nur schlicht nicht bekannt ist. Und oft genug wird einfach nur deshalb nicht extern nachgefragt, weil man fürchtet, dann tatsächlich eine geeignete Lösung geboten zu bekommen, die man eigentlich – möglicherweise aus persönlichen Gründen – gar nicht umsetzen möchte. Es ist doch einfacher zu sagen, „es geht nicht" oder „es ist zu aufwendig" anstelle einzugestehen „ich will nicht" oder „ich weiß nicht, wie es geht".

Auch wenn sicherlich viele der überspitzten Aussagen in diesem Dialog kritisiert werden können (zum Teil, wie ich weiß, durchaus berechtigt) und die Kernaussage nicht überall auf Begeisterung stößt, wünsche ich mir, wenigstens in einigen Unternehmen einen Anstoß für die Weiterentwicklung der Risikomanagementfähigkeiten geben zu können. Und vielleicht werden sich einige Leser zumindest selbst eingestehen, dass der Ausbau der Risikomanagementfähigkeiten im eigenen Unternehmen, z.B. auch im Controlling, nicht daran scheitert, dass er nicht prinzipiell möglich wäre, sondern letztlich an den eigenen oder anderen persönlichen Interessen. Ich wünsche viel Spaß beim Lesen und freue mich auf kritische und sehr kritische Anregungen – gerne für eine 2. Auflage des Buchs.

Prof. Dr. Werner Gleißner

> Im folgenden ersten Kapitel werden Grundlagen des Risikomanagements erläutert. Sie können diesen Teil auch überspringen und auf Seite 21 direkt mit dem Hauptteil, dem Dialog von Vorstand und Risikomanager, beginnen.

Inhaltsverzeichnis

Einleitung: Grundlagen des Risikomanagements

Rahmenbedingungen und Aufgaben

Schon immer war es den Unternehmern ein Anliegen, Risiken zu vermeiden, die den Bestand eines Unternehmens gefährden können. Die Relevanz einer systematischen Identifikation, Bewertung und Bewältigung von Risiken hat in den letzten Jahren weiter zugenommen. Zum einen ist der Risikoumfang in vielen Branchen deutlich höher geworden, was sich an schnellen technologischen Veränderungsprozessen, Abhängigkeiten von wenigen Kunden oder ganz neuen Risikokategorien zeigt (z.B. potentielle neue ausländische Wettbewerber aufgrund der zunehmenden Globalisierung). Zudem ist aufgrund des 1998 in Kraft getretenen Kontroll- und Transparenzgesetzes (KonTraG) und seiner „Ausstrahlwirkung" auf mittelständische Unternehmen davon auszugehen, dass das Fehlen eines Risikomanagementsystems auch bei einer Kapitalgesellschaft eine persönliche Haftung der Geschäftsführer mit sich bringen kann. Schließlich resultiert auch aus der veränderten Kreditvergabepraxis von Banken und Sparkassen infolge Basel II und Basel III die Erfordernis, sich konsequenter mit Risiken auseinander zu setzen. Die Wirkung eingetretener Risiken (z.B. des Verlusts eines Großkundens oder des unerwarteten Anstiegs von Materialkosten) zeigt sich nämlich im Jahresabschluss und den daraus abgeleiteten Finanzkennzahlen (z.B. Eigenkapitalquote oder Gesamtkapitalrendite). Da diese Finanzkennzahlen im Rahmen der üblichen Ratingverfahren Unternehmen den eingeräumten Kreditrahmen und die Zinskondition bestimmen, haben Risiken somit erhebliche Auswirkungen auf die Finanzierung eines Unternehmens. So kann durch eine zufällige Kombination mehrerer Risiken recht schnell eine Situation eintreten, in der die Finanzierung eines Unternehmens aufgrund eines unbefriedigenden Ratings nicht mehr sichergestellt ist, obwohl das Unternehmen an sich gute langfristige Zukunftsperspektiven aufweist. Dieses Problem ist insbesondere bei Unternehmen zu befürchten, die eine niedrige Risikotragfähigkeit (speziell Eigenkapital) aufweisen – unabhängig von möglicherweise sonst hervorragenden Erfolgspotenzialen.

Insgesamt erfordern die aktuellen Entwicklungen eine intensivere Auseinandersetzung mit dem Thema Risikomanagement. Dabei müssen die Voraussetzungen geschaffen werden, um bestandsgefährdenden Risiken adäquat zu begegnen und bei wesentlichen unternehmerischen Entscheidungen (z.B. Investitionen) die dort erwarteten Erträge und die damit verbundenen Risiken gegeneinander abwägen zu können.

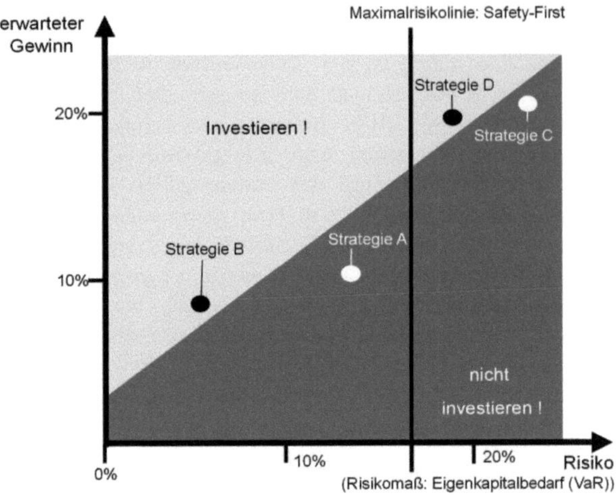

Abbildung 1: Rendite-Risiko-Profil

Ein derartiges Risikomanagement sollte in die Arbeitsprozess- und Organisationsstruktur eines Unternehmens integriert sein, was zur Etablierung eines sogenannten „Risikomanagementsystems“ führt.

Risikomanagement ist weit mehr als das (selbstverständliche) Einhalten gesetzlicher Vorschriften (z.B. im Arbeits- und Umweltrecht), das Abschließen von Versicherungen und das Erstellen von Notfallplänen. Risikomanagement ist tatsächlich ein umfassender Prozess der Identifikation, Bewertung, Aggregation, Überwachung und gezielten Steuerung aller Risiken, die Abweichungen von den gesetzten Zielen auslösen können.

Risikoidentifikation

Die erste Phase des Risikomanagements umfasst eine systematische, strukturierte und auf die wesentlichen Aspekte fokussierte Identifikation der Risiken. Für die Identifikation der Risiken können Arbeitsprozessanalysen, Workshops, Benchmarks oder Checklisten genutzt werden.

In der Praxis haben sich folgende Quellen für die Identifikation von Risiken als besonders wesentlich herausgestellt:

(1) Strategie und strategische Risiken

Im Kontext der strategischen Unternehmensplanung muss sich ein Unternehmen über seine maßgeblichen Erfolgspotenziale (Kernkompetenzen, interne Stärken und für den Kunden wahrnehmbare Wettbewerbsvorteile) Klarheit verschaffen. Die wichtigen „strategischen Risiken" lassen sich identifizieren, indem die für das Unternehmen wichtigsten Erfolgspotenziale systematisch dahingehend untersucht werden, welchen Bedrohungen diese ausgesetzt sind.

(2) Controlling, operative Planung und Budgetierung

Im Rahmen von Controlling, Unternehmensplanung oder Budgetierung werden bestimmte Annahmen getroffen (z.B. bezüglich Konjunktur, Wechselkursen und Erfolgen bei Vertriebsaktivitäten). Alle unsicheren Planannahmen zeigen ein Risiko, weil hier Planabweichungen auftreten können.

(3) Risikoworkshops (Risk Assessment) zu Leistungsrisiken

Bestimmte Arten von Risiken lassen sich am besten im Rahmen eines Workshops durch kritische Diskussionen erfassen. Hierzu gehören insbesondere die Risiken aus den Leistungserstellungsprozessen (operative Risiken), rechtliche und politische Risiken sowie Risiken aus Unterstützungsprozessen (z.B. IT). Bei operativen Risiken der Wertschöpfungsketten bietet es sich beispielsweise an, diese Arbeitsprozesse zunächst (einschließlich der wesentlichen Schnittstellen) zu beschreiben und anschließend Schritt für Schritt zu überprüfen, durch welche Risiken eine Abweichung des tatsächlichen vom geplanten Prozessablauf eintreten kann.

Risiko	Risikofeld	Wirkung	Bewältigung	Relevanz
Neuer Wettbewerber	***S/M***	***U/EP***	***weitere Intensivierung des Vertriebs***	***4***
Absatzmenge	***L***	***U***	***Frühwarn- und Prognosesystem für Umsatz***	***4***
Zinsänderungen	***F***	***FBE***	***Vereinbarung Zins***	***3***
Personalkosten	***M***	***Kfix***	***Selbst tragen***	***3***
Maschinenschaden	***L***	***U***	***Redundante Auslegung***	***3***
Absatzpreisschwankung	***M***	***U***	***Selbst tragen***	***3***
Abhängigkeit von MusterAG	M	U	Vertragsgestaltung, Intensivierung des Vertriebs	2
Kalkulationsfehler	L	U/K	Organisatorische Maßnahmen	2
Haftpflichtschäden bei Kunden	L	AoE	Optimierung des Versicherungsschutzes	2
Wachstumsbedingter EKmangel	S	EP	Thesaurierung von Gewinnen	2
Übernahme Muster GmbH	F	FBE	Due Diligence	2
Fehlende Kompetenz in Musterland	S	EP	Verkauf des Geschäftsfeldes	2
Motivationsprobleme im Vertrieb	G	EP/U	stärker erfolgsabhängige Entlohnung	1

Risikofelder:		**Wirkung:**	
S = Strategisches R.	**L** = Leistungsr.	**EP** = Erfolgspotential	**Kfix** = Fixe Kosten
M = Marktr.	**G** = R. aus CorporateGovernance	**U** = Umsatz	**FBE** = Finanz- u. Beteiligungsergeb
F = Finanzmarktr.	**R** = Rechtl./gesellschaftl./polit. R.	**Kvar** = Variable Kosten	**AoE** = Außerordentliches Ergebnis

Skala: 4 = hoch; 1 = gering

Abbildung 2: Risikoinventar

Die wesentlichen Risiken werden dann in einem Risikoinventar, einer Art Hitliste der Risiken, zusammengefasst. Um eine Priorisierung der Risiken vorzunehmen, bietet sich im ersten Schritt eine Ersteinschätzung der Risiken anhand einer „Relevanzskala" an, wobei beispielsweise die Relevanzen von „1" (unbedeutend) bis hin zu „5" (bestandsgefährdend) genutzt werden können (vgl. Abb. 2).

Risikoquantifizierung

Mit der Quantifizierung wird ein Risiko zunächst durch eine geeignete (mathematische) Verteilungsfunktion beschrieben. Häufig werden Risiken dabei durch Eintrittswahrscheinlichkeit und Schadenshöhe quantifiziert, was einer sogenannten Binominalverteilung (digitale Verteilung) entspricht. Manche Risiken, wie Abweichung bei Instandhaltungskosten oder Zinsaufwendungen, die mit unterschiedlicher Wahrscheinlichkeit verschiedene Höhen erreichen können, werden dagegen durch andere Verteilungsfunktionen (z.B. eine Dreiecksverteilung mit Mindestwert, wahrscheinlichstem Wert und Maximalwert oder eine Normalverteilung mit Erwartungswert und Standardabweichung) beschrieben.

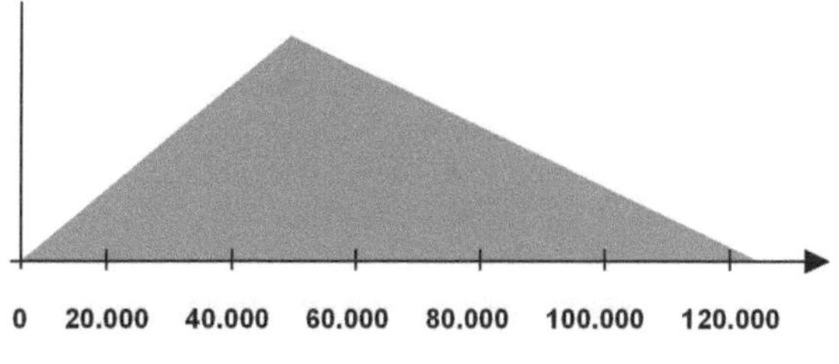

Dreiecksverteilung

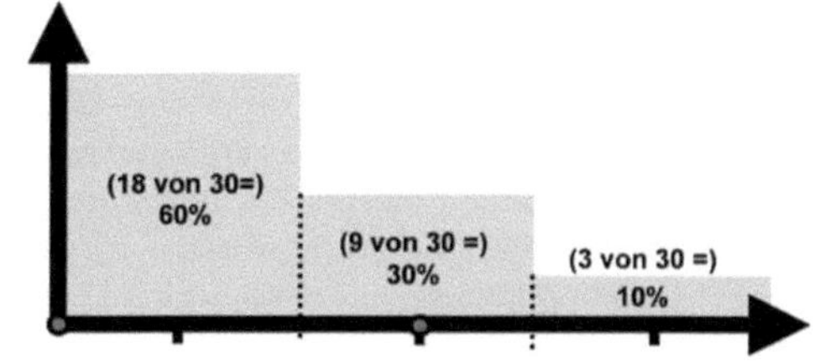

Binomial-/Szenarioverteilung

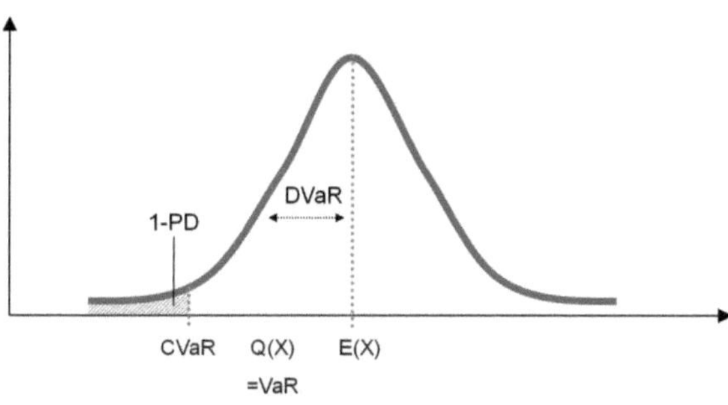

Normalverteilung

Für die Bewertung eines Risikos kann man sich orientieren an tatsächlich in der Vergangenheit eingetretenen Risikowirkungen (Schäden), an Benchmarkwerten aus der Branche oder an selbst erstellten (realistischen) Schadensszenarien, die dann präzise zu beschreiben und hinsichtlich einer möglichen quantitativen Auswirkung auf das Unternehmensergebnis zu erläutern sind.

Um alle Risiken miteinander hinsichtlich ihrer Bedeutung vergleichen zu können, bietet sich die Definition eines einheitlichen Risikomaßes an (z.B. der Value-at-Risk). Ein realistischer Höchstschaden, der mit einer bestimmten vorgegebenen Wahrscheinlichkeit innerhalb einer Planperiode nicht überschritten wird. Er kann als Eigenkapitalbedarf interpretiert werden.

Bestimmung von Gesamtrisikoumfang und Eigenkapitalbedarf

Aus dem Risikoinventar kann nur abgeleitet werden, welche Risiken für sich alleine den Bestand eines Unternehmens gefährden. Um zu beurteilen, wie groß der Gesamtrisikoumfang ist (und damit der Grad an Bestandsgefährdung durch die Menge aller Risiken), wird eine sogenannte Risikoaggregation erforderlich, die auch Kombinationseffekte mehrerer Einzelrisiken betrachtet. Bei dieser Risikoaggregation werden die bewerteten Risiken in den Kontext der Unternehmensplanung gestellt, das heißt, es wird jeweils aufgezeigt, welches Risiko an welcher Position der Planung (Erfolgsplanung) zu Abweichungen führt. Mit Hilfe von Risikosimulationsverfahren kann dann eine große repräsentative Anzahl möglicher risikobedingter Zukunftsszenarien berechnet und analysiert werden. Damit sind Rückschlüsse auf den Gesamtrisikoumfang, die Planungssicherung und eine realistische Bandbreite z.B. des Unternehmensergebnisses möglich („Monte-Carlo-Simulation"). Aus der ermittelten risikobedingten Bandbreite des Ergebnisses kann unmittelbar auf die Höhe möglicher risikobedingter Verluste und damit auf den Bedarf an Eigenkapital und Liquidität zur Risikodeckung geschlossen werden, was wiederum Rückschlüsse auf das angemessene Rating zulässt. Auf diese Weise können auch Risikokennzahlen wie die Eigenkapitaldeckung bestimmt werden, die das Verhältnis des verfügbaren Eigenkapitals zum Eigenkapitalbedarf anzeigt.

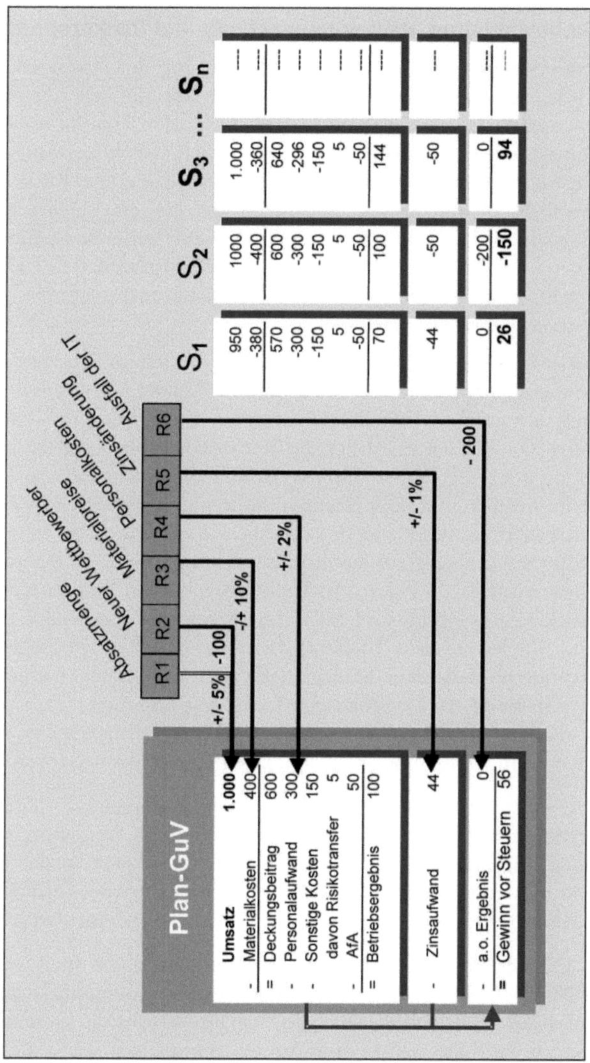

Abbildung 3: Simulation der Risiken im Kontext der Unternehmensplanung: Risiko als mögliche Planabweichung (Quelle: *Gleißner*, 2015)

Risikobewältigung, Risikoüberwachung und Risikoreporting

Aus der Kenntnis über die relative Bedeutung der einzelnen Risiken und den Gesamtumfang der Bedrohung, die z.B. durch die Eigenkapitaldeckung ausgedrückt wird, lässt sich Handlungsbedarf für eine gezielte Risikobewältigung ableiten. Risikobewältigungsstrategien können dabei sowohl auf das Vermeiden von Risiken, als auch auf die Begrenzung der Schadenshöhe oder die Verminderung der Eintrittswahrscheinlichkeit abzielen. Eine hohe Bedeutung im Rahmen der Risikobewältigung hat der Risikotransfer auf Dritte, mit dem wichtigen Spezialfall der Versicherung gegenüber den Auswirkungen bestimmter Risiken.

Da sich die Risiken im Zeitverlauf ständig verändern, ist eine kontinuierliche Überwachung der wesentlichen Risiken ökonomisch notwendig und durch das KonTraG gefordert. Gemäß den Anforderungen des KonTraG muss daher die Verantwortlichkeit für die Überwachung der wesentlichen Risiken, einschließlich Angaben zu Überwachungsturnus und Überwachungsumfang, klar zugeordnet und dokumentiert werden. Zudem muss die Unternehmensführung eine Risikopolitik formulieren, die grundsätzliche Anforderungen an den Umgang mit Risiken fixiert. Auch die Vorgabe von Limiten und die Definition eines Berichtsweges für die Risiken sind hier zu dokumentieren. Möglichst viele Basisaufgaben für das Risikomanagement sollten durch existierende Managementsysteme abgedeckt werden. So kann z.B durch die systematische Erfassung unsicherer Planannahmen (Risiken) in Planung, Budgetierung und Controlling zu einer effizienten Integration des Risikomanagements beigetragen werden.

Die Gesamtverantwortung für das Risikomanagement trägt die Unternehmensführung. Sie wird aber wesentliche Aufgaben, speziell die Koordination aller Risikomanagementprozesse, in der Regel einem „Risikomanager“ übertragen, der auch für die Verdichtung aller Risikoinformationen in einem Risikobericht verantwortlich ist.

Aus Effizienzgründen wird das Risikomanagement meist durch eine geeignete IT-Lösung unterstützt. Software unterstützt checklistenbasiert die Identifikation von Risiken, erlaubt die quantitative Bewertung und die Aggregation (mittels Simulation) sowie die Hinterlegung der erforderlichen Organisationsanweisungen im Umgang mit Risiken. Wichtige Zusatzfunktionen der Software beziehen sich auf die Unterstützung der Unternehmensplanung, auf die Prognose der risikobedingten Krisenanfälligkeit sowie auf das Rating des Unternehmens. Die Bewertung der Risiken geschieht dabei zunächst durch die einfache Angabe einer Relevanz und kann ergänzend durch eine präzisere Quantifizierung vorgenommen werden.

Risikomanagement bei der Entscheidungsvorbereitung als Erfolgspotenzial und als wichtiger Baustein für eine wertorientierte Steuerung

Die Fähigkeiten im Risikomanagement sind bei einer unvorhersehbaren Entwicklung des Unternehmensumfeldes ein zentraler Erfolgsfaktor. Sie tragen bei zur Krisenvermeidung, sichern Rating und Finanzierung, und helfen Investitionsalternativen oder Projekte risikogerecht zu beurteilen. Insgesamt unterstützt Risikomanagement die zentrale unternehmerische Aufgabe eines fundierten Abwägens von erwarteten Erträgen und Risiken bei wichtigen Entscheidungen („Bewertung"). Entscheidend ist, dass Risikoanalysen bei der Vorbereitung unternehmerischer Entscheidungen vorgenommen werden, die zeigen, wie sich der Risikoumfang des Unternehmens bei der Entscheidung für eine Handlungsoption verändern würde („was-wäre-wenn-Analyse").

Es ist ein notwendiger Baustein für eine umfassende strategische, risiko- und wertorientierte Unternehmensführung. Für die Vorbereitung unternehmerischer Entscheidungen ist eine fundierte Strategie, eine darauf aufbauende operative Planung und eben eine Analyse von Chancen und Gefahren (Risiken) notwendig.[1] Bei einer klar von den heute üblichen „kapitalmarktorientierten" Steuerungssystemen abzugrenzenden „echten" wertorientierten Steuerung wird im Entscheidungskalkül (z.B. über den Kapitalkostensatz) das Ertragsrisiko, also z.B. die Volatilität der Cashflows, erfasst (und nicht historische Aktienrendite-Schwankungen). Und in Anbetracht der gerade in der jüngsten Wirtschaftskrise deutlich gewordenen Rating- und Finanzierungsrestriktion ist die Beurteilung von Handlungsoptionen auch mit Bezug auf das zukünftige Rating erforderlich, auch für risikobedingt mögliche Stress-Szenarien („Stresstest").

---

1 Vgl. dazu die neuen „Grundsätze ordnungsgemäßer Planung" in *Gleißner / Presber* (2010).

Insgesamt gibt es viele nicht genutzte Möglichkeiten der Weiterentwicklung des betriebswirtschaftlichen Steuerungsinstrumentariums mit der Zielsetzung der Verbesserung und besseren Fundierung unternehmerischer Entscheidungen – aber eine ganze Reihe Hemmnisse bei der Umsetzung in der Praxis, die in diesem Buch in einem fiktiven Dialog zwischen Vorstand und Risikomanager beleuchtet werden.

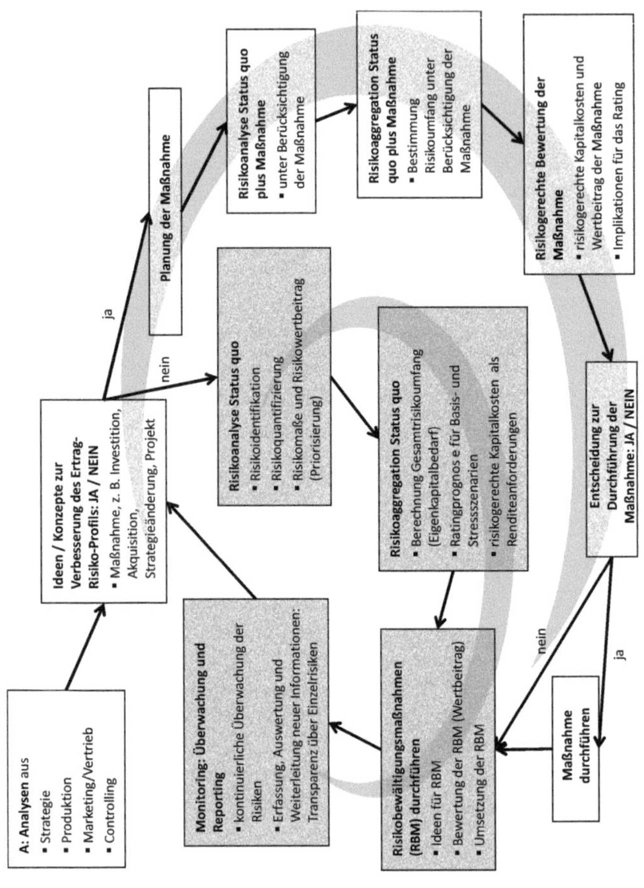

Abbildung 4: Risikoanalyse und Bewertung zur Entscheidungsvorbereitung

Prolog

Der nachfolgende (fiktive) Dialog findet in mehreren Abschnitten in den Jahren 2007 bis 2009 in den Büroräumen des Finanzvorstands (V) der Stettener Metallwaren AG statt. Das mit einem Investmentgrade-Rating versehene und in der Vergangenheit durchaus erfolgreiche börsennotierte Unternehmen verfügt selbstverständlich über ein vom Wirtschaftsprüfer testiertes Risikomanagement. Aber der noch im Vorfeld der sich am Horizont abzeichnenden Wirtschafts- und Finanzkrise eingestellte neue Risikomanager (R) bringt doch einige neue Ideen mit …

Finanz-Vorstand (V) und Risikomanager (R) im Dialog

Juli 2007

V: Guten Tag, Herr Riskheimer! Es freut mich, Sie als unseren neuen Leiter Konzernrisikomanagement nun auch persönlich kennenzulernen. Ihr direkter Vorgesetzter, unser Leiter Interne Revision, hat mir schon berichtet, dass Sie sich in den letzten sechs Monaten bei uns im Unternehmen sehr gut eingearbeitet haben.

R: Vielen Dank, ich habe mich auch schon sehr auf unser erstes persönliches Gespräch gefreut und vor allem auf die Gelegenheit, Ihnen meine Überlegungen zum Ausbau des **Risikomanagements** unseres Unternehmens etwas näher erläutern zu können.

V: Fein, fein. Das Wichtigste berichtet mir Ihr Chef, unser Revisor. Und Sie wissen ja, dass wir uns momentan mit wesentlichen strategischen Entscheidungen befassen, die Expansion und die geplanten Großinvestitionen in Russland im Vorstand diskutieren und dazu eine Aufsichtsratsvorlage vorbereiten – in Anbetracht der Dringlichkeit und Wichtigkeit dieser Themen würde ich sehr gerne die Diskussion unseres Risikomanagements etwas verschieben. Vielleicht am besten auf einen Termin vor unserer Vorstandssitzung im Februar, bei dem wir uns turnusmäßig mit Risiko und Risikomanagement befassen …

R: … aber das sind noch sechs Monate?! Ich habe schon ein Konzept entwickelt, wie wir die Identifikation von Risiken effizienter gestalten können, welche neuen Möglichkeiten der Quantifizierung von Risiken bestehen und wie wir ein Modell für die Risikoaggregation entwickeln können, das Ihnen z.B. regelmäßig anzeigt, wie hoch der risikobedingte Eigenkapitalbedarf zur Absicherung unseres Ratings ist und …

V: Das ist sehr interessant. Sie werden aber verstehen, dass wir uns in Anbetracht der aktuellen strategischen Herausforderungen zunächst einmal mit wichtigeren Dingen zu befassen haben. Natürlich werden wir uns zu angemessener Zeit mit dem von Ihnen entwickelten Konzept zum weiteren Ausbau unseres Risikomanagements befassen und gerne auch über Ihre Ideen zu einer effizienten Verknüpfung von Risikomanagement mit Controlling und Qualitätsmanagement nachdenken, auf die mich unser Leiter Controlling bereits angesprochen hat. Ich bin davon überzeugt, dass Sie mit Ihrer hervorragenden fachlichen Qualifikation die Testierung unseres Risikomanagementsystems durch die Wirtschaftsprüfer gewährleisten können.

R: Ja natürlich, aber das Testat des Wirtschaftsprüfers sagt doch nur …

V: Bestens, wir sehen uns dann im Januar, wenn Sie mir als Vorbereitung für die Vorstandsitzung unsere Riskmap erläutern.

Januar 2008

V: Guten Tag Herr, äh, Riskheimer. Ich habe Ihr **Risikoinventar** und die Riskmap, mit Schadenshöhe und Eintrittswahrscheinlichkeit unserer Risiken, gesehen und eigentlich keine Rückfragen. Es hat sich ja gegenüber dem Vorjahr kaum etwas verändert. Alle Ampeln sind auf „grün" und der Wirtschaftsprüfer hat offensichtlich auch die Leistungsfähigkeit unseres Risikomanagementsystems bestätigt. Ich sehe daher übrigens auch keinen Grund, die von Ihnen in der Erläuterung angesprochenen fachlichen und methodischen Bedenken im Vorstand zu thematisieren.
… und dass Wechselkursrisiken und Nachfrageschwankungen

nicht gut durch „Schadenshöhe" und „Eintrittswahrscheinlichkeit" zu beschreiben sein sollen? Normalverteilung? Hm, ... Kostenabweichungsrisiken durch Mindestwert, wahrscheinlichsten Wert und Maximalwert beschreiben? Sicherlich gute Ideen. Und natürlich müssen wir auf Sicht auch den Gesamtrisikoumfang aggregieren und mich als Finanzvorstand interessiert natürlich durchaus der risikobedingte Eigenkapitalbedarf. Ich bin ja schließlich für die Finanzierungsstruktur zuständig
... mit diesen interessanten Fragen müssen wir uns sicherlich in absehbarer Zeit einmal beschäftigen ...

Das **Risikoinventar** fasst in einer Hitliste die wichtigsten Einzelrisiken des Unternehmens priorisiert zusammen. Die wesentlichsten Risiken sind dabei oft sogenannte strategische Risiken, insbesondere Bedrohungen der Erfolgspotenziale des Unternehmens. Weitere wesentliche Risiken identifiziert man durch eine Planungsanalyse durch Aufdecken unsicherer Planannahmen (z.B. die konjunkturabhängige Nachfrage, Wechselkurse, Zinsen oder Rohstoffpreise). Auch Risiken der Wertschöpfungskette (z.B. Maschinenausfall) oder der Unterstützungsprozesse haben flankierend Bedeutung.

R: Nach jetzt fast einem Jahr als Risikomanager möchte ich betonen, dass aus meiner Sicht sowohl bei der Identifikation, der Quantifizierung und vor allen Dingen bei der Aggregation von Risiken eklatante Probleme bestehen. Insbesondere ...

V: ... man kann natürlich immer besser werden, aber das jetzige System ist ausreichend, wie uns unser Wirtschaftsprüfer wieder einmal bestätigt – und damit hat natürlich auch der Vorstand seine Verpflichtung erfüllt – und keine persönlichen Haftungsrisiken (Lächeln).

R: Das ist aber leider gar nicht so. Der Wirtschaftsprüfer hat weder den Auftrag noch aus meiner Sicht die Kompetenz, wirklich aus betriebswirtschaftlicher Perspektive unser Risikomanagement zu beurteilen. Mich hat es sehr gewundert, dass unser Prüfer selbst das Fehlen eines **Risikoaggregationsmodells** durch meinen Hinweis „wir arbeiten daran" akzeptiert hat, obwohl der **Prüfungsstandard 340** des Instituts der Deutschen Wirtschaftsprüfer die Aggregation von Risiken bekanntlich explizit fordert.[2] Aus meiner Sicht ist zu beachten, dass damit zumindest der betriebswirtschaftliche Nutzen unseres Risikomanagements nicht gewährleistet ist. Wir können z.B. nicht beurteilen, ob unsere Finanzierungsstruktur risiko-adäquat ist. Und auch bei wesentlichen Entscheidungen können Erträge und Risiken nicht gegeneinander abgewogen werden.

V: So, so …

R: Zudem bleibt die persönliche Haftung des Vorstands unabhängig vom Testat des Wirtschaftsprüfers bestehen, wenn schwerwiegende Verstöße des Risikomanagements gegen die Anforderungen beispielsweise des KonTrG bzw. §91 Absatz 2 des Aktiengesetzes[3] auftreten.

V: Gut, dass Sie mich daran erinnern. Ich hatte dies fast vergessen und wollte dieses Thema mit der Rechtsabteilung und unserem Versicherungsmanagement noch einmal im Kontext der geplanten Ausweitung unserer D&O-Versicherungen[4] diskutieren.

---

[2] Auszug aus dem IDW PS 340: *„Die Risikoanalyse beinhaltet eine Beurteilung der Tragweite der erkannten Risiken in Bezug auf Eintrittswahrscheinlichkeit und quantitative Auswirkungen. Hierzu gehört auch die Einschätzung, ob Einzelrisiken, die isoliert betrachtet von nachrangiger Bedeutung sind, sich in ihrem Zusammenwirken oder durch Kumulation im Zeitablauf zu einem bestandsgefährdenden Risiko aggregieren können."*

[3] AktG § 91 Absatz 2: *„Der Vorstand hat geeignete Maßnahmen zu treffen, insbesondere ein Überwachungssystem einzurichten, damit den Fortbestand der Gesellschaft gefährdende Entwicklungen früh erkannt werden"*; weiterführend siehe *Romeike* (2008).

[4] Versicherung für Directors and Officers, die ein Unternehmen für seine Organe und leitenden Angestellten abschließt. Es handelt sich dabei um eine Versicherung zugunsten Dritter, die der Art nach zu den Berufshaftpflichtversicherungen gezählt wird.

Durch das Kontroll- und Transparenzgesetz (KonTraG), speziell §91 Abs. 2 AktG, ergeben sich persönliche Haftungsrisiken, wenn Vorstände oder Geschäftsführer in ihrem Unternehmen kein adäquates Risikomanagement aufbauen. Die Risikomanagementsysteme müssen dabei für Dritte verständlich dokumentiert werden. Zu gewährleisten ist, dass Vorstand bzw. Geschäftsführer regelmäßig und bei Bedarf die Informationen über alle wesentlichen Risiken erhalten. Auch der Aufsichtsrat trägt Verantwortung.

R: Vielleicht könnten wir für die Bedeutung des Risikomanagements in unserem Unternehmen sensibilisieren, wenn wir uns etwas intensiver mit den Risiken der Großinvestition in Russland befassen würden. Mir liegen kaum Informationen über die Risiken dieses Projektes vor, und die wenigen Informationen scheinen zumindest fraglich, weil …

V: Darum kümmert sich der Projektleiter, der in Zusammenarbeit mit unserer strategischen Planung und dem Controlling dieses Projekt genau durchdacht hat, und bei der Investitionsrechnung haben wir sogar die weltbekannte High Potential Consulting Group mit einbezogen, die uns ein perfektes strategisches Fitting dieser Investition bescheinigt.

R: Aber das ist doch das gleiche Procedere, wie es offenbar vor 1,5 Jahren bei unserer Großinvestitionen in Südafrika gewählt wurde. Ich habe mir die Daten des letzten Jahres und die ursprüngliche Planung angesehen. Wie Sie wissen, gab es hier im letzten Jahr schwerwiegende Planabweichungen – die nun festgestellten Ursachen waren im Rahmen der Planung nie als Risiken genannt gewesen. **Risiken** sind doch betriebswirtschaftlich gesehen die Ursachen möglicher Planabweichungen, was mögliche positive Planabweichungen und mögliche negative Planabweichungen, also Chancen und Gefahren, einschließt.

> Als Risiko versteht man die Möglichkeit der Abweichung von einem vorgegebenen Plan- oder Erwartungswert, was Chancen (mögliche positive Abweichungen) und Gefahren (mögliche negative Abweichungen) einschließt.

V: Was hätten die Verantwortlichen besser machen können – nach Ihrer Meinung?

R: Aus meiner Sicht wäre es sehr einfach gewesen, im Rahmen der Planung die unsicheren Annahmen, z.B. über Wechselkurs, Konjunktur und Rohstoffpreisentwicklung, systematisch zu erfassen, zu quantifizieren und so den Gesamtrisikoumfang zu berechnen. Wenn man Unternehmens- oder Projektplanung mit den Risiken, die Planabweichungen auslösen können, verbindet, kann man eine große repräsentative Anzahl möglicher risikobedingter Zukunftsszenarien berechnen. Auf diese Weise entsteht mittels Simulation Transparenz über die Planungssicherheit und insbesondere kann der Umfang möglicher Verluste berechnet werden, woraus sich der risikobedingte Eigenkapitalbedarf und die angemessene Finanzierungsstruktur ableiten lässt und …

V: Vielen Dank für die Vorlesung. Auch ich habe die Bücher von Romeike, Gleißner & Co. gelesen …

R: Ah?

V: Und natürlich möchten wir langfristig derartige Systeme für eine risikoorientierte Projektkalkulation und die von Ihnen so betonten Risikoaggregationsmodelle auch einführen. Aber momentan haben wir andere strategische Prioritäten und außerdem habe ich Zweifel – unter uns gesprochen – ob unser Vorstandsvorsitzender wirklich ein Interesse daran hat, Ihre ganzen Bedenken und Risiken zu unseren strategischen Projekten in allen Details zu diskutieren. Sie wissen, er sieht sich als Unternehmer, er mag keine Bedenkenträger, die immer nur das Negative an wichtigen Themen sehen.

R: Aber das ist doch ein Missverständnis. Unser Risikomanagement soll sich doch mit allen möglichen Planabweichungen – Chancen und Gefahren – befassen und helfen, so steht es in meiner Stellenbeschreibung, eine bestandsbedrohende Gefährdung des Unternehmens und Unternehmenskrisen zu vermeiden. Letztlich sehe ich meine Aufgabe damit doch darin, Transparenz zu schaffen über Planungssicherheit und dazu beizutragen, dass die Planungssicherheit sich verbessert …
Wir wollen doch Projekte und Investitionen vermeiden, die zu hohe Risiken aufweisen. Und Krisen verhindern.

V: Wir sind aber ein börsennotiertes Unternehmen, das sich an den Renditeforderungen der Aktionäre und Finanzanalysten messen muss. Wir müssen Risiken eingehen, um die geforderte Rendite zu generieren, um die **Kapitalkosten** zu übertreffen und letztlich einen positiven **EVA** auszuweisen. Gemeinsam mit der MacCash Consulting haben wir doch gerade erst unseren wertorientierten Steuerungsansatz überarbeitet und ein innovatives **E**conomic **V**alue **A**dded Konzept – EVA – entwickelt.
… und in Zusammenarbeit mit unseren Beratern und den Investmentbankern haben wir mit Hilfe des **Capital-Asset-Pricing-Modells** nun Kapitalkosten von 9 % errechnet. Das ist nun die Vorgabe für die Rendite all unserer Projekte, weil dies die Renditeforderung unserer Aktionäre zeigt. Wir müssen in den Projekten notfalls auch etwas mehr Risiko eingehen, um diese Renditeforderung zu erfüllen.

R: Äh, äh, … entschuldigen Sie, wenn ich das so offen anspreche. Hier liegt möglicherweise ein Missverständnis vor. Die Kapitalkosten kann man näherungsweise tatsächlich als risikogerechte Anforderung an die erwartete Rendite auffassen. Aber da sich die Risikosituation jedes unserer Geschäftsbereiche und letztlich jedes Investitionsprojektes durchaus unterscheidet, sind die durchschnittlichen Kapitalkosten des Unternehmens kein geeigneter Benchmark für Investitionsentscheidungen.[5]
Außerdem habe ich nun des Öfteren gelesen, dass sich das bei Wirtschaftsprüfern und Finanzanalysten so beliebte Capital-Asset-

5 *Kruschwitz / Milde* (1996)

Pricing-Modell, das berühmte CAPM, in wissenschaftlichen Untersuchungen sich als völlig ungeeignet herausstellt, Renditen von Aktien zu erklären. Wenn Sie mögen, kann ich Ihnen gerne einmal einige der wissenschaftlichen Studien zeigen.[6]

V: Wo ist das Problem?

R: Ein Kernproblem scheint darin zu bestehen, dass der aus historischen Aktienkursschwankungen abgeleitete **Betafaktor** als **Risikomaß** die relevanten zukünftigen Risiken nicht adäquat erfasst. Die Kapitalmärkte sind nicht so vollkommen, wie im Modell angenommen, es existieren Konkurse und Konkurskosten und die Investoren haben keine perfekt diversifizierten Portfolios. Damit sind für diese auch unternehmensbezogene Risiken, z.B. aus einzelnen Investitionsprojekten, von Bedeutung und nicht nur die übergreifenden, systematischen Risiken, wie sie im Betafaktor ausgedrückt werden.
Und für die Praxis einer wertorientierten Unternehmenssteuerung ist das **Capital-Asset-Pricing-Modell** natürlich auch aus ganz anderen Gründen grundsätzlich nicht anwendbar. Wie gesagt, drückt sich im Betafaktor letztlich nur die aus nicht unbedingt repräsentativen Daten der Historie abgeleitete Einschätzung des Kapitalmarkts über die Risiken eines Unternehmens aus. Trotz unserer noch bestehenden Schwächen in Investitionsplanung und Risikomanagement, auf die ich hingewiesen habe, wissen wir aber doch über die bewertungsrelevanten Risiken unserer in Zukunft geplanten Projekte, über die wir den Kapitalmarkt zum Teil noch nicht einmal informiert haben, sicherlich besser Bescheid als unsere Aktionäre.

> Mit dem Capital-Asset-Pricing-Modell (CAPM) werden Kapitalkostensätze und damit Mindestanforderungen an die erwarteten Renditen meist auf Basis historischer Kapitalmarkt-

[6] z.B. von *Fama / French* (1992) und (1993) sowie *Hagemeister / Kempf* (2010), *Campbell / Shiller* (1998a und 1998b), *Walkshäusl* (2012 und 2013) und *Dempsey* (2013), zusammenfassend *Gleißner* (2014).

daten (Aktienkursbewegung) abgeleitet. Dieses Modell führt nur in einem fiktiven vollkommenen Kapitalmarkt zu aussagefähigen Renditeanforderungen. In einem realen unvollkommenen Kapitalmarkt sollten Kapitalkosten auf Grundlage der besten verfügbaren Informationen abgeleitet werden, in der Regel denen der internen Risikoanalyse. In einem so verstandenen wertorientierten Managementansatz führen höhere Ertragsrisiken zu einem höheren Bedarf an teurem Eigenkapital (und Cashflow-Volatilität) und damit höheren Kapitalkosten. Damit können explizit auch die am Kapitalmarkt nicht bekannten zukünftigen Risiken erfasst werden.[7]

V: Stimmt eigentlich, … daran habe ich noch nicht gedacht. Und mir hat noch kein Berater gesagt … eigentlich klar, dass wir mehr über unsere Risiken wissen, als man aus dem Gezappele unseres Kurses ablesen kann … so dumm kann doch kein Berater, kein Wirtschaftsprüfer oder Investmentbanker sein, das zu glauben?

R: Doch!

V: Jetzt bin ich aber neugierig. Was sollten wir Ihrer Meinung nach tun?

R: Für eine wertorientierte Steuerung und möglichst optimale Entscheidungen über Strategie oder Investitionen sollten wir die bei uns verfügbaren Insiderinformationen auch wirklich nutzen. Wertorientiertes Management ist eben mehr als kapitalmarktorientiertes Management, bei dem man sich lediglich am Kapitalmarkt orientiert.
Die Grundidee für ein tatsächlich wertorientiertes Management, das zu fundierten Entscheidungen und einem Abwägen von Ertrag und Risiko führt, ist an sich recht einfach: Höhere aggregierte Risiken erfordern mehr teures und knappes Eigenkapital, um die möglichen risikobedingten Verluste oder negative Planabweichungen aufzufangen. Und höhere Planabweichungen und ein höherer Bedarf an teuerem Eigenkapital führen zu höheren Kapitalkosten. Bei Nutzung von simulationsbasierten Investitionsrechenmodellen, ei-

---

7 *Gleißner* (2013)

ner Weiterentwicklung von traditionellen Planungs- oder Kapitalwertverfahren, kann man damit in einem Zug planungskonsistent sowohl das erwartete Ergebnis und den zugehörigen Risikoumfang ableiten als auch eine wertorientierte Steuerung, z.B. mit einer Weiterentwicklung des **EVA-Konzepts**, in die Praxis umsetzen. Dies zeigt die zentrale Bedeutung von Risikoinformationen, und damit des Risikomanagements, im Kontext der wertorientierten Steuerung und …

V: Vielen Dank für die ausführliche Erläuterung, die wirklich interessant ist. Ich muss zugeben, dass wir offensichtlich die Bedeutung von Risikoinformationen und damit auch eines ganzheitlichen Corporate-Riskmanagement-Ansatzes im Kontext einer wertorientierten Steuerung bisher unterschätzt haben.
Und die Breite Ihrer fachlichen Kompetenz. Ehrlich gesagt: ich dachte, Sie sammeln nur Risiken, legen Orga-Regeln fest und erstellen hübsche Grafiken – wie Ihr Vorgänger.

R: Danke.

V: Offensichtlich wird tatsächlich wertorientiertes Management noch oft missverstanden und mit Quartalsdenken oder kurzfristiger Renditeoptimierung in Verbindung gebracht – ich erlebe dies immer wieder bei den Investors Relations Konferenzen mit den Finanzanalysten.
Sie bestätigen mich damit in meiner eigentlich schon immer betonten Einschätzung, dass wir das Risikomanagement unseres Unternehmens als eine der wesentlichen Fähigkeiten ausbauen müssen, um eine nachhaltige Erfolgssicherung und ein wertorientiertes Management in der Praxis umsetzen zu können.

R: Das freut mich, dass Sie das genau wie ich sehen. Wie Sie wissen, habe ich schon einmal ein Konzept entwickelt, das einen hocheffizienten und unbürokratischen Ausbau unserer Risikomanagementfähigkeiten, unter Nutzung der bewährten Managementsysteme, wie dem Controlling, ermöglicht und dabei …

V: Es ist jedes Mal äußerst spannend, mit Ihnen über das Thema Risikomanagement zu diskutieren. Ich freue mich daher schon darauf, diese interessante Diskussion bei unserem nächsten Treffen fortzuführen. Sie verstehen aber sicherlich, dass Ihr sicher theoretisch unangreifbares Konzept natürlich bei uns mit unseren besonderen Bedingungen nur in der Praxis umgesetzt werden kann, wenn wir die Akzeptanz in der Führungsmannschaft erhalten, die organisatorischen Rahmenbedingungen im Konzern beachten und keine großen Kosten verursachen. Damit …

R: Entschuldigung! Gerade darüber habe ich mir schon intensiv Gedanken gemacht. Man kann sehr einfach und ohne großen bürokratischen Aufwand ein hoch effizientes Risikomanagement implementieren. Und nebenbei Controlling und Investitionsrechnung verbessern. Dazu müsste man nur …

V: In Anbetracht der aktuellen Herausforderungen und der nach Einschätzung mancher Experten zukünftig schwierigeren wirtschaftlichen Situation würde ich empfehlen, dieses Thema im nächsten Jahr wieder auf die Agenda zu nehmen. Sie wissen ja, dass unsere Managementkapazität momentan durch andere strategisch wichtige Initiativen gebunden ist und wir uns speziell mit dem Russland-Thema befassen müssen.

R: Aber ich könnte doch zumindest schon mal mit wenig Aufwand …

V: Ich muss mich nun leider entschuldigen, meine Vorstandskollegen warten möglicherweise schon. Wir können diesen interessanten Gedanken beim nächsten Mal weiter verfolgen.

Juni 2008

V: Hallo Herr Riskheimer. Sorry für die kurzfristigen Absagen unseres letzten Termins. Ich habe Sie nun um diesen Gesprächstermin gebeten, weil ich mit Ihnen gerne einmal über die Probleme unserer Russland-Tochter reden wollte. Ich schätze Ihre unkonventionelle Meinung sehr. Sie wissen, dass wir bei diesem für uns doch sehr großen Investitionsprojekt mit erheblichen Schwierigkeiten zu kämpfen haben. Die insgesamt geplanten Investitionskosten sind schon jetzt überschritten worden und wir befürchten in Anbetracht der aktuellen Situation in Russland, dass die Nachfrage auf absehbare Zeit weit hinter unseren Prognosen zurückbleiben könnte. Da

Sie hier bisher nicht involviert waren, würde ich sehr gerne aus Ihrer neutralen Perspektive die Situation einmal beleuchten.

R: Das freut mich sehr, wobei es natürlich sehr bedauerlich ist, dass das Risikomanagement hier bei einem so wichtigen und risikobehafteten Projekt erst jetzt ernsthaft miteinbezogen wird. Eigentlich sehen wir die Aufgabe des Risikomanagements darin, im Vorhinein auf mögliche Risiken hinzuweisen, um die nötigen Risikobewältigungsmaßnahmen zu initiieren. Oder wenigstens Mindestvorgaben für die Risikoanalyse durch andere Experten vorzugeben.

V: Das ist schön und gut, hilft uns aber nun nicht weiter. Wir haben 1 Mrd. € investiert und sind trotz der temporären Probleme davon überzeugt, dass unsere Großinvestition in Russland eine strategisch richtige Entscheidung war. Gut, wir hätten möglicherweise die von Ihnen angeregte Quantifizierung aller Risiken etwas konsequenter angehen sollen. Und auch eine simulationsbasierte Projektkalkulation zur Berechnung des aggregierten Gesamtrisikoumfangs wäre nicht schlecht gewesen. Möglicherweise hätten wir mit diesen Informationen die eine oder andere Risikosicherungsmaßnahme anders priorisiert.
Aber wir sollten auch ehrlich sein. Auch Ihr Risikomanagement hätte die jetzige Entwicklung nicht vorhersehen können. Der Leiter Controlling hat sogar darauf hingewiesen, dass durch Ihre mathematische Risikoquantifizierung lediglich eine neue Art von Scheingenauigkeiten und Scheinsicherheiten erzeugt worden wäre.

R: Entschuldigung, wenn ich es so deutlich ausdrücke. Unser Controllingleiter hat die Intention von Risikomanagement überhaupt nicht verstanden. Es geht eben nicht darum, Scheingenauigkeiten zu erzeugen. Im Gegenteil. Risikoanalyse möchte den Grad an Unsicherheit der Zukunftsentwicklung, auch maßgeblich ausgelöst durch die in der Realität immer unvollständigen Informationen, transparent darstellen. Anstelle von unrealistischen Punktschätzungen, wie sie Planung und Controlling jedes Jahr liefern, möchten wir ergänzend realistische Bandbreiten darstellen. Die im Detail unvorhersehbare Zukunftsentwicklung macht Punktprognosen weitgehend wertlos. Es ist sicherlich interessant zu wissen, dass für das Russlandprojekt ein jährlicher Gewinn von 80 Mio. € geplant war.

Dieser geplante Gewinn und die sich damit ergebende geplante Rendite alleine sagen jedoch wenig. Es wäre schon interessant gewesen zu sehen, dass eine realistische Abweichung nach unten von bis zu 500 Mio. möglich ist. Dies zeigen zumindest die bei uns jetzt nachträglich angestellten Analysen.

V: Was haben Sie nun berechnet?

R: Mit unseren ergänzenden Berechnungen können wir nun sagen, dass mit 95%iger Sicherheit ein Verlust von 400 Mio. im ersten Jahr nicht überschritten wird – und dies ist sicherlich nicht beruhigend. Dieser sogenannte **Value-at-Risk** zeigt ökonomisch gesprochen einfach unseren **Eigenkapitalbedarf**. Und wenn ich es richtig sehe, sind bedauerlicherweise so hohe Eigenkapitalsummen für dieses Projekt nicht reserviert worden. Aufgrund der fehlenden aggregierten Risikoinformationen wurde also eine nicht risikogerechte Finanzierungsstruktur gewählt. Aber um es noch einmal deutlich zu sagen: Risikomanagement möchte über den realistischen Umfang möglicher Planabweichungen informieren. Wir denken in Bandbreiten und Wahrscheinlichkeitsverteilungen, weil Punktschätzer in der Realität keine Aussagefähigkeit haben.

> Risikomanagement möchte die Fähigkeiten des Unternehmens verbessern, mit den Unsicherheiten und Unwägbarkeiten der Zukunft umzugehen. Scheingenauigkeiten sollen vermieden werden. Anstelle unrealistischer Punktschätzer treten Einschätzungen realistischer Bandbreiten.

V: Einverstanden. Was machen wir nun aber in der Praxis? Aufgrund der jetzt zu erwartenden Entwicklung in Russland und einigen Schwierigkeiten in anderen Geschäftsfeldern befürchte ich, dass wir die gegenüber den Finanzanalysten geäußerten Planwerte für unser Jahresergebnis nicht mehr einhalten können. Können Sie mir etwas zu unserer Planungsgenauigkeit und dem realistischen Umfang von Planabweichungen sagen?

R: Ich habe bisher nur basierend auf Excel und Simulationssoftware einige Überschlagsrechnungen angestellt, da ein hierfür an sich notwendiges Risikoaggregationsmodell und eine professionelle stochastische Planungssoftware, die zugleich das Fundament für ein wertorientiertes Management wäre, in unserem Budget bisher nicht vorgesehen waren.

V: Ich habe den Hinweis verstanden …

R: Basierend auf den vorliegenden, sicherlich nicht perfekten Risikodaten haben wir in einem eintägigen Workshop mit Fachexperten aus verschiedenen Abteilungen, moderiert durch einen externen Experten, eine Risikoquantifizierung und Aggregation vorgenommen. Sorry, das dafür notwendige Budget habe ich aus einem anderen Topf abziehen müssen.
Wir sehen allerdings nun, dass eine deutlich negative Planabweichung zu erwarten ist. Und zu diesem Resultat hätte man auch schon am Anfang des Geschäftsjahres kommen können, wenn die entsprechenden Berechnungen damals angestellt worden wären.

V: Im Nachhinein, nachdem man nun bestimmte Probleme sieht, ist man natürlich immer schlauer. Am Jahresanfang war eine Planabweichung aber nicht vorherzusehen.

R: … nun ja …

V: Keine Politik: was ist Ihre ehrliche Meinung? Es war doch nicht vorhersehbar, oder?

R: Doch. Das Problem liegt schon in der Konstruktion unserer Planwerte. Was sagen diese überhaupt aus? In Planung, Controlling und Budgetierung beschäftigen sich viele Menschen viele Arbeitstage mit der Erstellung von Budgets und Planungen. Aber bedauerlicherweise weiß niemand wirklich exakt, was ein **Planwert** überhaupt ausdrücken soll. Wenn man zehn Fach- und Führungskräfte fragt, hat man mindestens fünf verschiedene Meinungen. Darf ich direkt fragen? Wie verstehen Sie als verantwortlicher Vorstand denn den Planwert?

V: Äh, nun ja, ich dachte das sei klar … Der Planwert ist doch der Planwert … der wahrscheinlichste Wert für eine Umsatz- oder Kostenposition!? Oder?

R: Der wahrscheinlichste Wert, der sogenannte **Modus**, könnte der Planwert sein. Und tatsächlich ist die Hälfte der von mir Befragten der Meinung, die jährlich abgefragten Planwerte sollten die wahrscheinlichsten Werte darstellen. Aber es gibt auch völlig andere Meinungen. Der Bereichsleiter unseres Deutschlandgeschäfts ist beispielsweise der Meinung, dass der Planwert das Ergebnis ausdrücken soll, auf welches sein Geschäftsbereich im schlimmsten Fall zu kommen hat. Er interpretiert den Planwert also als denjenigen Wert, der mit an Sicherheit grenzender Wahrscheinlichkeit, was auch immer das heißt, erreicht wird. Technisch gesehen meint er damit, ein unteres **Quantil** der Verteilung des Ergebnisses. Völlig anderer Meinung ist sein Kollege für das Nordamerikageschäft. Er interpretiert den Planwert als Zielwert. Er möchte seinen Mitarbeiter damit einen anspruchsvollen Anreiz setzen, das heißt, das Ziel wird so hoch gesteckt, dass es nur mit erheblichen Anstrengungen erreicht wird. Das ist offensichtlich etwas völlig anderes. Ebenfalls gehört habe ich das Verständnis, dass der Planwert derjenige Wert sein soll, der mit gleicher Wahrscheinlichkeit über- und unterschritten wird. Das wäre ein **Median**. Und natürlich wieder eine völlig andere Bedeutung von Planwert.

V: Ok …

R: Insgesamt musste ich feststellen: Obwohl enorme Ressourcen für Planungs- und Budgetierungsprozesse im Unternehmen gebunden sind, weiß eigentlich keiner so richtig, was die Planwerte ausdrücken oder ausdrücken sollen. Und die auf Konzernebene, mit unserem **Gegenstromverfahren**, verdichteten Planwerte sind damit genaugenommen überhaupt nicht zu interpretieren. Die Originalplanwerte stellen nach individuellen Vorstellungen der einzelnen Personen völlig unterschiedliche Dinge dar.

V: Ihr Fazit? Bitte ehrlich!

R: Ich glaube, dass unsere umfangreichen Anstrengungen für Planung und Budgetierung eigentlich kaum ökonomischen Nutzen bieten. Die Planwerte sind vor allem keine fundierte Grundlage für Entscheidungen sondern Ergebnisse in einem – wie soll ich sagen – politischen Prozess.

V: Nun, das ist sicherlich übertrieben. Gut, aber ich nehme zur Kenntnis, dass wir vor der nächsten Planungs- und Budgetierungsrunde den Begriff des Planwerts präzise zu definieren haben. Also zukünftig gilt, wie die Mehrheit meiner Kollegen offenbar schon annimmt, der Planwert ist der wahrscheinlichste Wert. Was hat das ganze nun aber mit der Vorhersehbarkeit von Planabweichungen zu tun? Ich habe hier etwas den Faden verloren.

R: Nun das Problem besteht gerade darin, dass der wahrscheinlichste Wert eines Ergebnisses, z.B. eines Cashflows, eben gerade gar nichts darüber aussagt, wie wahrscheinlich oder schwerwiegend mögliche positive und negative Planabweichungen, also Chancen und Gefahren, sind. Ich möchte Ihnen das Problem mit einem kleinen Beispiel am Flipchart, wenn Sie erlauben, etwas näher erläutern.

V: Nur zu … bedienen Sie sich.

R: Nehmen wir an, die Geschäftsführung unserer ungarischen Tochter möchte über die wirtschaftliche Sinnhaftigkeit einer Investition entscheiden, die mit einem Investitionsvolumen von 10 Mio. € verbunden ist. Die Beurteilung mit Hilfe unseres Investitionsrechenverfahrens, der Kapitalwertmethode, erfordert zunächst einen risikogerechten Diskontierungszinssatz oder Kapitalkostensatz, der von mir zunächst einfach mit 10 % angenommen wird. Die Verantwortlichen für die Projektplanung halten es für am wahrscheinlichsten, dass am Projektende, nach einem Jahr, eine Rückzahlung in Höhe von 12 Mio. € erfolgt und setzen diese als Planwert an. Dann führen sie folgende einfache Rechnung durch:

$$\text{Netto-Barwert} = -\,\text{Investition} + \frac{\text{Plan-Rückzahlung}}{1+\text{Diskontierungszinssatz}}$$

$$= -\,10\text{ Mio. €} + \frac{12\text{ Mio. €}}{1+10\%} = 0{,}91\text{ Mio. €}$$

Die Investitionsrechnung zeigt, dass ein positiver Barwert von ca. 0,9 Mio. € auftritt, das Projekt also wirtschaftlich sinnvoll ist und den Unternehmenswert erhöht, gerade um 0,9 Mio. €.

V: Perfekt! Wo ist das Problem? So rechnen wir doch immer?!

R: Für eine fundierte Investitionsentscheidung ist es notwendig, sich bewusst zu machen, dass jede Prognose in die Zukunft unsicher ist und entsprechend Planabweichungen auftreten können. Eine Risikobeurteilung kann beispielsweise zu dem Resultat kommen, dass zwar 12 Mio. € Rückfluss der wahrscheinlichste Wert sind, Eintrittswahrscheinlichkeit z.B. 60%. Aber mit 20%iger Wahrscheinlichkeit sind im Beispiel sogar 13 Mio. € bei günstigem Konjunkturverlauf zu erlösen, schlimmstenfalls kann aber das Projekt auch komplett scheitern und der Rückfluss lediglich 1 Mio. € betragen. Dies zeigt Chance und Gefahr. Für die Investitionsentscheidung ist der Erwartungswert, die „erwartete Rückzahlung" relevant, der sich aus den drei genannten Szenarien leicht ermitteln lässt als:[8]

Erwartete Rückzahlung = 60% · 12 Mio. € + 20% · 13 Mio. € + 20% · 1 Mio. € = 10,0 Mio. €

Die korrekte Berechnung des Investitionswerts beträgt entsprechend:

$$\text{Netto-Barwert} = -\text{ Investition} + \frac{\text{erwartete Rückzahlung}}{1+\text{Diskontierungszinssatz}}$$

$$= -\ 10\text{ Mio. €} + \frac{10\text{ Mio. €}}{1+10\%} = -\ 0{,}91\text{ Mio. €}$$

Dies zeigt, dass bei korrekter Berücksichtigung des Erwartungswerts, die Investition nicht sinnvoll ist, da der Barwert kleiner Null ist.

V: Oh, eigentlich offensichtlich ... aber hier haben wir wohl ein schwerwiegendes methodisches Problem.

R: Ja! Hier ist festzuhalten, dass bei einer Unternehmensplanung, speziell bei der Investitionsplanung, grundsätzlich die für Entscheidungen relevanten Planwerte, Erwartungswerte darstellen müssen, also so etwas wie arithmetische Mittelwerte – und eben nicht die wahrscheinlichsten Werte.

---

8 Liegen keine Informationen über die Wahrscheinlichkeiten der Szenarien vor, wird der Erwartungswert berechnet als

$$EW' = \frac{13\text{ Mio.€} + 12\text{ Mio.€} + 1\text{ Mio.€}}{3} = 8{,}67\text{ Mio.€}$$

In vielen Unternehmen, wie auch bei uns, fehlt heute noch Transparenz, wie überhaupt Planwerte zu interpretieren sind. Mögliche Chancen und Gefahren müssen in den Planwerten berücksichtigt werden, da ansonsten – wie das Beispiel zeigt – leicht Fehlentscheidungen auftreten können. Es ist sehr bedauerlich zu sehen, dass viele Fehlentscheidungen bei Investitionen an sich vorhersehbar waren, wenn nur korrekt, das heißt, speziell auch risikogerecht, geplant worden wäre, basierend auf einer quantitativen Risikoanalyse.

V: Und ich ahne schon. Auch der Diskontierungszinssatz sollte aus dem Risiko ableitbar sein – und nicht aus CAPM, wie es unsere Wirtschaftsprüfer lieben.

R: Ja! Im Kontext einer wertorientierten Unternehmensführung habe ich ergänzend darauf hingewiesen, dass auch der oben lediglich angenommene risikogerechte Diskontierungszinssatz, im Beispiel 10 %, basierend auf den Erkenntnissen über den Projektrisikoumfang berechnet werden kann.[9] Es gilt folgender einfacher Zusammenhang: ein zunehmender Risikoumfang, also mögliche negative Planabweichungen, bedroht und erfordert mehr teures Eigenkapital, was höhere Kapitalkosten zur Konsequenz hat.[10, 11]

---

[9] Vgl. *Gleißner* (2005) und (2015) sowie zur Berücksichtigung von Diversifikationseffekten *Gleißner / Wolfrum* (2008).

[10] Kapitalkosten $k = \frac{1+r_f}{1-\lambda \cdot \frac{\sigma_{Gewinn}}{G^e} \cdot d} - 1$

mit r_f als risikolosem Zinssatz, λ dem „Marktpreis des Risikos" (λ = 0,25) und σ_{Gewinn} geteilt durch σ^e der relativen Gewinnschwankung (Variationskoeffizient) sowie d als „Diversifkationsfaktor", der zeigt, welchen Risikoanteil der Eigentümer zu tragen hat (vgl. *Gleißner*, 2011c).

[11] Alternativ kann bei der Bewertung von Investitionen ein risikogerechter Abschlag vom Erwartungswert vorgenommen werden („Sicherheitsäquivalent"). Etwas präziser:

V: Was habe ich nun zu lernen?

R: Quintessenz: Der für unternehmerische Entscheidungen, beispielsweise Investitionsentscheidungen, maßgebliche Planwert ist immer der Erwartungswert. Um diesen zu berechnen, müssen die Chancen und Gefahren, also die Risiken, bekannt sein und berücksichtigt werden. Ohne Risikoanalyse keine vernünftige Planung, unangemessen hohe Planabweichungen und Fehlentscheidungen bei wichtigen Entscheidungen, beispielsweise Investitionen. Konkret am Beispiel unseres Unternehmens und der Situation in Russland haben wir festgestellt, dass die im Projekt an sich schon zum Jahresanfang bekannten Gefahren und Chancen nicht symmetrisch waren. Wir hatten einen Überhang der Gefahren gegenüber den Chancen, und damit ist der ausgewiesene Planwert, im Sinne eines wahrscheinlichsten Werts, höher als der Erwartungswert. Anders ausgedrückt: Vermutlich sogar schon beim Projektstart gab es eine, ich möchte sagen erwartete, Planabweichung. Und genau diese erleben wir nun.

> Ohne Kenntnis von Chancen und Gefahren können keine Planwerte („Erwartungswerte“) als Grundlage von Entscheidungen abgeleitet werden.

V: Es gibt zu erwartende Planabweichungen? Wir hatten die Information und waren nur nicht in der Lage, diese konkret auszuwerten?

$$\text{Netto-Barwert} = -\ \text{Investition} + \frac{\text{erwartete Rückzahlung - Risikoprämie} \cdot \text{realistische Planabweichung}}{1 + \text{risikoloser Zinssatz}}$$

$$= -\ 10\ \text{Mio. €} + \frac{10\ \text{Mio. €} - 6\% \times 9\ \text{Mio. €}}{1 + 4\%} = -\ 0{,}91\ \text{Mio. €}$$

Der Umfang der „realistischen Planabweichung“ ist daher gerade die Differenz vom Erwartungswert und dem „realistischen Worst-Case“, hier also 10 Mio. € abzüglich 1 Mio. €. Die Risikoprämie ist die Differenz der erwarteten Rendite der risikoabhängigen Eigenkapitalanlage (z.B. Aktien) und risikolosem Zinssatz (Staatsanleihe): hier im Beispiel 10% - 4% = 6%.

R: Ja, die sich jetzt abzeichnende Planabweichung ist in zwei Komponenten zu zerlegen. Da ist zum einen die schon übersehene, aber bei Projektbeginn „vorhersehbare Planabweichung". Diese ist zurückzuführen auf ein methodisches Problem unserer Planung und Investitionsrechnung. Darüber hinaus zeigen sich nun einige zusätzliche negative Abweichungen durch das Wirksamwerden von Risiken. Dabei sind durch die Defizite unserer Risikoanalyse offensichtlich einige relevante Risiken komplett übersehen worden. Andere wurden von den Projektverantwortlichen offenbar zu niedrig eingeschätzt. Und teilweise, auch das muss man natürlich zugestehen, hatten wir an einigen Stellen schlicht Pech.

V: Will Risikomanagement nicht Pech verhindern?

R: Sorry, das geht nicht. Ich möchte noch einmal darauf hinweisen, dass Risikomanagement nicht die Intention hat, eine zukünftige Entwicklung punktgenau vorherzusagen – dies ist unmöglich. Es kann uns nur darum gehen, eine realistische Bandbreite anzugeben. Dies wäre auch am Anfang des Jahres oder besser schon früher bei der Betrachtung unseres Russlandprojekts möglich gewesen, ist aber unterblieben. Stand jetzt: Wir müssen tatsächlich mit einer deutlich negativen Planabweichung rechnen und dabei besteht noch eine erhebliche Unsicherheitsbandbreite. Die genauen Zahlen, die sich mit meinem jetzigen Informationsstand ableiten lassen, werde ich Ihnen in der nächsten Woche übersenden.

V: Gut, wir müssen uns hier verbessern. Auch wenn Risikomanagement meinem Vorstandsbereich zuzuordnen ist, muss ich hier wohl ein Gespräch mit dem Kollegen Produktionsvorstand führen, da er, wie Ihre Ausführungen zeigen, offensichtlich die Risikoanalyse bei seinen Werken etwas oberflächlich behandelt hat.

Nur eine ergänzende Frage aus Interesse: Wenn ich es richtig verstehe, kann eine intelligente Risikoquantifizierung und Risikoaggregation die Planungssicherheit eines Projekts beurteilen, die risikogerechte Finanzierungsstruktur ableiten und, ich erinnere mich an Ihre Ausführungen, sogar risikogerechte Anforderungen an die Renditen, also Kapitalkosten, berechnen. Nehmen wir nun an, wir würden bei den wesentlichen Planungspositionen unserer Investitionen oder sonstigen Projekten die erwarteten Erlöse und Kosten jeweils, wie von Ihnen schon früher angeregt, beschreiben lassen durch Mindestwert, wahrscheinlichsten Wert und Maximalwert einer **Dreiecksverteilung**. Damit würden wir Transparenz schaffen über den Umfang von Chancen und Gefahren. Und wir könnten auch den Erwartungswert berechnen. Ich meine mich zu erinnern, dass der Erwartungswert gerade der Durchschnitt der drei genannten Werte ist. Durch diesen einfachen methodischen Fortschritt kann man sicherlich potenzielle Fehlentscheidungen vermeiden und die von Ihnen angesprochenen Vorteile zum Teil realisieren.

R: Genau!

V: Aber auch bei einer methodischen Weiterentwicklung sehe ich ein weiteres Problem. Wie schaffen wir es, dass uns die für das Projekt Verantwortlichen auch tatsächlich die ihnen bekannten Risiken korrekt melden? Der Leiter eines Projekts hat sicherlich ein Interesse daran, die Risikosituation etwas zu positiv darzustellen, um sein gewünschtes Projekt tatsächlich zu realisieren.

R: Richtig, die Qualität von Entscheidungen hängt ab von der Qualität der Methodik und der Qualität der Daten. Natürlich rechtfertigen es auch schlechte Daten nicht, zusätzlich auch noch eine schlechte Methodik anzuwenden.

V: Selbstverständlich. Das akzeptieren auch unsere Praktiker.

R: Wir sollten aber natürlich bestrebt sein, eine gute Methodik der Risikoquantifizierung zu nutzen und dabei zugleich, wie Sie anregten, möglichst gute Daten zu bekommen. In der Praxis werden wir oft keine adäquaten objektiven Schätzer für Risiken verfügbar haben. Benchmarkwerte[12] können hier sicherlich helfen. Auch historische Erfahrungen können, statistisch ausgewertet, Orientierungswerte liefern. In der Praxis wird man aber natürlich dennoch oft auf letztlich subjektive Expertenschätzungen angewiesen sein. Und wenn die subjektiven Expertenschätzungen die bestverfügbaren Informationen sind, muss man diese bei der Entschei-

---

12 Vgl. z.B. *Gleißner / Grundmann* (2008).

dung auch nutzen. Es ist betriebswirtschaftlich natürlich rational, die jeweils besten verfügbaren Informationen zu nutzen.

V: Das heißt konkret?

R: Um, trotz möglicherweise bestehender Eigeninteressen, möglichst gute Risiko- und Planinformationen zu erhalten, kann man folgende Vorgehensweise wählen:
Zunächst muss immer gewährleistet sein, dass jeder Schätzung beziehungsweise jeden Planwerten und Risiken, die Planabweichungen auslösen können, eine nachvollziehbare Begründung, möglichst eine Berechnung, zugrunde liegt. Dies ermöglicht eine kritische Prüfung durch Dritte. Insbesondere können hier die zugrunde liegenden Annahmen und Planungsprämissen, die oft selbst unsicher sind, kritisch diskutiert und hinterfragt werden.

V: Aber es bleibt die Meinung einer Person?

R: Bei besonders wesentlichen Entscheidungen würde ich empfehlen, eine unabhängige zweite oder gar dritte Meinung und Kalkulation der Risiken vorzunehmen. Man kann so die verschiedenen Einschätzungen gegenseitig plausibilisieren und sogar eine verbesserte Risikoeinschätzung durch die Verbindung der einzelnen Informationen vornehmen. Eine hohe Diskrepanz der Einschätzung verschiedener Fachexperten zeigt letztlich, dass die Zukunftsplanung sehr unsicher ist. Und gerade dies soll natürlich erfasst werden. Möglich ist hier eine Gesamtrisikoeinschätzung vorzunehmen, bei der die Einzeleinschätzung verschiedener Fachexperten mittels Simulationsverfahren miteinander verbunden werden. Auch eine ergänzende Plausibilisierung mit Hilfe von Benchmarkdaten, z.B. aus früheren Projekten, ist möglich.

V: Gut. Und weiter?

R: Nach meiner Erfahrung ist es jedoch am wichtigsten sicherzustellen, dass die einzelnen befragten Personen ein eigenes Interesse daran haben, eine möglichst gute Risikoeinschätzung vorzunehmen. Und dies zu gewährleisten, ist gar nicht so schwierig. Man muss hier nur klarstellen, dass Risiko eben die Möglichkeit einer Planabweichung ist. Wer also beispielsweise mitteilt, dass er über-

haupt keine Risiken hat, legt sich damit auch auf Null Planabweichung fest. Diese Planabweichung kann er allerdings nicht wirklich gewährleisten. Es muss also klargestellt werden, dass sich ein Verantwortlicher, der die Risikoeinschätzung seiner eigenen Projekte vornimmt, im Nachhinein auch dafür zu verantworten hat, ob die tatsächlich realisierten Ergebnisse in der von ihm vorhergesagten Bandbreite liegen.
Wer also den Risikoumfang unterschätzt, legt sich auf eine Planungssicherheit fest, die er nicht einhalten kann. Wer den Risikoumfang überschätzt, wird an sich sinnvolle Projekte nicht realisieren, und hat letztlich nichts mehr zu tun. Nach etwas Lernzeit wird man hier zu dem Resultat kommen, dass es im Interesse der einzelnen Personen wie auch des Unternehmens ist, die Risiken möglichst gut zu quantifizieren. Auf diesen grundlegenden Überlegungen aufsetzend, kann man noch weiter entwickelte Anreizsysteme konzipieren.

V: Auch für den Vorstand? … na ja, das ist sehr interessant und ich werde darüber nachdenken. Im Moment muss ich mich jedoch vorbereiten auf die Analystengespräche in zwei Wochen. Da ich hier etwas über die nun zu befürchtenden Planabweichungen erzählen muss, möchte ich Sie bitten, die von Ihnen vorhin angesprochenen Auswertungen zu erstellen. Bitte achten Sie aber darauf, dass bei Ihren Auswertungen die grundsätzliche strategische Bedeutung der Investition in Russland adäquat gewürdigt bleibt.

R: Nun ja, dazu müsste man … und Sie müssen auf jeden Fall auch bedenken, dass ich natürlich jetzt nur im Nachhinein mit sehr unvollständigen Daten arbeiten kann. Es wäre sicherlich sehr viel besser gewesen, wenn wir über ein adäquates Risikomanagement konzernweit verfügt hätten, das regelmäßig und effizient die für solche Analysen notwendigen Daten bereitstellen würde. Ich kann daher momentan nur …

V: Das weiß ich, tun Sie, was Sie in der jetzigen Situation machen können. Sie wissen, dass ich von der Bedeutung des Risikomanagements überzeugt bin, und wir uns zum geeigneten Zeitpunkt mit dem Ausbau des Risikomanagements und Ihres Fachbereichs wieder befassen werden. Wir müssen aber jetzt zunächst die akuten Probleme lösen.

> Ein modernes Risikomanagement ist nachfrage- und entscheidungsorientiert. Der Ausbau des Risikomanagements geht von der Frage aus, bei welchen unternehmerischen Entscheidungen (an welchen Stellen) Risikoinformationen notwendig sind, um erwartete Erträge und Risiken gegeneinander abzuwägen. Die notwendigen Risikoinformationen werden dabei geeignet aufbereitet, z.B. in Form eines risikobedingten Eigenkapitalbedarfs (bei Finanzierungsstrukturentscheidungen) oder eines risikogerechten Diskontierungszinssatzes (bei Investitionsentscheidungen).

Immer noch Juni 2008, drei Tage nach der Finanzanalystenkonferenz

V: Schön, dass Sie so schnell vorbeikommen konnten. Wir müssen uns über unser Risikomanagement unterhalten. Ich bin auf der letzten Pressekonferenz mit den Aktienanalysten dazu befragt worden, als ich auf mögliche Planabweichungen bei unserem Ergebnis und die Probleme unserer Russlandaktivitäten hingewiesen habe.

R: So? Das ist ja fast wie ein Sechser im Lotto.

V: Seien Sie bitte nicht so sarkastisch. Also zum Thema: Ich habe erläutert, dass wir unsere kommunizierten Ergebnisziele wohl in diesem Jahr um 20 % verfehlen werden. Und als Begründung habe ich darauf verwiesen, dass wir höhere als geplante Investitionen und Kosten in Russland haben und zudem in einigen Ländern von uns nicht zu vertretende Marktanteilsverluste in Folge der Veränderung der Währungsrelation erlitten haben.
Und da hat mich doch tatsächlich ein Finanzanalyst gefragt, wieso denn die nun von mir vorgestellten Ursachen für Planabweichungen im letzten Geschäftsbericht, konkret im Risikobericht, überhaupt nicht genannt waren.

R: Sie wissen, dass dieser Risikobericht noch von meinem Vorgänger erstellt wurde. Sie wollten „Copy and Paste" ohne größere Überarbeitungen. Wir haben damals lediglich halbjährige Risk-Assessments durchgeführt, in denen wir Führungskräfte gebeten haben,

Fragebogen auszufüllen, um im Wesentlichen vordefinierte Risiken hinsichtlich Schadenshöhe und Eintrittswahrscheinlichkeit zu beurteilen. Ich hatte bereits mehrfach darauf hingewiesen, dass bei dieser Art der Risikoinventarisierung wesentliche Risiken nicht erkannt werden und auch nicht erkannt worden sind. So wurde doch bei der Planung unserer Russlandengagements eine wirklich detaillierte Risikoanalyse, mit Quantifizierung und Aggregation aller wesentlichen Risiken, gar nicht vorgenommen. Sicher ist auf jeden Fall, dass quantitative Risikoinformationen aus diesem und vergleichbaren Projekten nicht automatisch an das zentrale Risikomanagement geflossen sind. Und auch für die von der Wechselkursentwicklung abhängigen Verschlechterung unserer preislichen Wettbewerbsposition, dem ökonomischen **Wechselkursrisiko**, hat sich offensichtlich niemand zuständig gefühlt. Treasury kümmert sich offensichtlich nur um Transaktions- und Translationswährungsrisiken und hat in dieser Hinsicht für den Risikobericht festgehalten, dass aufgrund von Wechselkursabsicherung keine Währungsrisiken bestehen. Das ökonomische Währungsrisiko durch Veränderungen unserer Wettbewerbsposition wurde schlicht übersehen.

V: Das ist ja megapeinlich. Ich habe das Gefühl, dass auch Finanzanalysten beginnen zu verstehen, dass Risiken letztlich die Ursachen möglicher Planabweichungen sind.

> Unter Risikoanalyse versteht man zusammenfassend die Identifikation und Quantifizierung von Risiken.

R: Das wäre ein toller Forschritt. Denn damit haben externe Analysten, wie übrigens auch unser eigener Aufsichtsrat, eine sehr einfache Möglichkeit, die Qualität unseres Risikomanagements zu prüfen. Man spricht hier von einem „**Abweichungstest**".[13] Man sieht sich die Ursachen aller eingetretenen Planabweichungen an und überprüft, ob die prinzipielle Möglichkeit einer derartigen Planabweichung, also ein entsprechendes Risiko, im Vorhinein genannt war. Keine Planabweichung ohne zugrundeliegendes Risiko.

---

13 *Gleißner* (2007).

Der ultimative Test für ein Risikomanagementsystem ist der „Abweichungstest". Da Planabweichungen immer auf die Wirkung von Risiken zurückzuführen sind, gilt: Die Ursache jeder eingetretenen Planabweichung sollte mit einem im Vorhinein bekannten Risiko korrespondieren.

V: OK, ich verstehe, dass wir im Hinblick auf das Risikomanagement einige der von Ihnen genannten Verbesserungen in absehbarer Zeit umsetzen sollten. Es scheint wirklich wesentlich zu sein, dass die im Unternehmen an sich irgendwo bekannten Risiken tatsächlich auch automatisch dem Risikomanagement mitgeteilt werden. Die früheren Risk-Assessments und die schriftlichen Mitarbeiterbefragungen scheinen hier wenig zu helfen.

R: Wie bereits mehrfach erwähnt, ist es aus meiner Sicht notwendig, durch eine Modifikation der bestehenden Arbeitsprozesse von Managementsystemen, wie Controlling oder Qualitätsmanagement, sicherzustellen, dass die dort implizit erfassten Risiken automatisch quantifiziert an mein zentrales Risikomanagement weitergeleitet werden. Ich möchte noch einmal daran erinnern, dass Controlling in den Planungs- und Budgetierungsprozessen quasi automatisch über unsichere Planannahmen stolpert. Und wir müssen wissen, wie sicher oder unsicher die Planung ist. Wenn wir eine größere Anzahl historisch eingetretener Planabweichungen statistisch auswerten, besteht sogar die Möglichkeit, unsere **Risikoquantifizierung** zu verbessern und den Grad an Planungssicherheit noch besser einzuschätzen.

V: Ich habe diese Idee, die Sie ja bereits einmal erwähnt haben, gerade gestern auch mit dem Leiter Controlling besprochen. Ich muss allerdings sagen, dass er nicht wirklich begeistert war, obwohl er natürlich zugegeben hat, dass die explizite Erfassung unsicherer Planannahmen im Planungs- und Budgetierungsprozess eigentlich kein wesentlicher Mehraufwand ist. Er behauptet ja sowieso, dass bei der Erstellung von Planwerten natürlich seine Controller und auch die operativ Verantwortlichen über Chancen und Gefahren nachdenken und entsprechend relativ leicht auch eine Bandbreite,

Mindestwert, wahrscheinlichsten Wert und Maximalwert angeben könnten.

R: Wo ist dann das Problem?

V: Ich glaube, Controlling hat Angst, dass Sie mit der Integration von Planungs- und Risikoinformationen, Ihren simulationsbasierten Risikoaggregationsverfahren und den daraus abgeleiteten Informationen letztlich originäre Controllingaufgaben übernehmen und vielleicht sogar ein eigenes „Supercontrollingsystem" aufbauen, das im Gegensatz zu seinem Controlling sogar Transparenz über die Planungssicherheit schafft.

R: Genau etwas Derartiges ist nötig. Controlling und Planung müssen verbunden werden. Dabei ist es jedoch letztlich egal, ob die Verantwortung für ein gemeinsames **stochastisches Planungssystem**, wie man das nennt, im Risikomanagement oder im Controlling liegt. Die Verantwortung für ein derartiges Planungssystem, das Risiken mittels Simulation berücksichtigt, kann aus meiner Sicht durchaus auch im Controlling liegen und Risikomanagement ist entsprechend Zulieferer für Risikoinformationen und Empfänger der für uns wesentlichen Resultate, nämlich z.B. des aggregierten **Gesamtrisikoumfangs** oder Eigenkapitalbedarfs.
Ich hätte damit keine Probleme. Ich befürchte aber, dass das Problem woanders liegt.

V: Nämlich?

R: Ich befürchte, dass unser Chefcontroller unabhängig von der organisatorischen Einbindung Angst vor einem derartig weiterentwickelten stochastischen Planungs- und Controllingsystem hat, weil Transparenz geschaffen wird über den Grad an Planungssicherheit und möglicherweise auch deshalb, weil er sich mit derartigen Verfahren schlicht nicht auskennt.

V: Was halten Sie denn diesbezüglich von der fachlichen Qualifikation unseres Controllings und speziell des Chefcontrollers?

R: Es steht mir nicht zu, die fachliche Qualifikation einer höhergestellten Führungskraft zu beurteilen.

V: Doch, mich interessiert Ihre diesbezügliche Meinung als Fachmann. Natürlich sind die fachlich methodischen Kompetenzen unserer Mitarbeiter für den Erfolg unseres Unternehmens maßgeblich. Ich möchte Sie also noch einmal bitten, mir eine ungeschönte Meinung der Qualifikation des Controllers zu geben.

R: Also gut. Aus meinen Gesprächen mit Controlling muss ich ableiten, dass es dort erhebliche Qualifikationsdefizite speziell in mathematischen Verfahren und Simulationstechniken gibt. Schon wenn ich von einer Wahrscheinlichkeitsverteilung spreche, sehe ich in vielen Gesichtern nur noch Fragezeichen. Obwohl heute vermutlich fast jeder BWL-Student auch einmal mit Simulationssoftware, wie **Crystal Ball** oder **@Risk**, arbeitet, dürfte im Controlling bei uns, im Gegensatz zu manchen anderen Unternehmen, niemand praktisch nutzbare Erfahrungen haben. Entsprechend hat man eine ausgeprägte Aversion gegen alles Neue, das man nicht in allen Details versteht, und wenig Bereitschaft dazuzulernen und etwas zu verändern. Aus meiner persönlichen Sicht ist unser Chefcontroller kaum in der Lage, mathematisch mit mehr umzugehen als mit Grundrechenarten und ist eigentlich ein mathematischer Analphabet, der …

V: Nun gehen Sie aber zu weit, Sie können sich doch kein derartiges Urteil über eine vorgesetzte Führungskraft anmaßen.

R: Aber … Entschuldigung … ich wollte eigentlich nur sagen, dass Widerstand gegen neue Methoden fast immer von Personen ausgeht, die diese nicht wirklich gut kennen und möglicherweise fürchten, durch solche neuen Verfahren selbst an Einfluss und Nimbus zu verlieren. Da sagt man leicht: „Das geht nicht“, wo es fair wäre zu sagen: „Ich weiß nicht, wie es geht.“

V: Nun gut. Ich glaube allerdings, dass auch an sich sinnvolle Aktivitäten zum Ausbau der Risikomanagementfähigkeiten des Unternehmens – wenn ich es richtig verstehe und letztlich auch ein Ausbau unseres Controllingsystems – gegen den Widerstand der Controllingabteilung nicht möglich sind.

R: Aber …

V: Aber das soll jetzt nicht unser Thema sein. Darüber können wir uns unterhalten, wenn wir einmal etwas mehr Zeit haben. Zwei akute Themen möchte ich aber mit Ihnen gleich noch diskutieren.

R: Natürlich. Welche bitte?

V: Bei der Analystenkonferenz ist deutlich geworden, dass wir unseren Risikobericht verbessern müssen. Was sind hier Ihre konkreten Vorschläge für den nächsten Geschäftsbericht?

R: Nun, wir sollten uns an den Vorgaben des **Prüfungsstandards 340** und des Deutschen Rechnungslegungsstandards orientieren.[14] Wir sollten uns zunächst damit befassen, zumindest das, was wir im Risikomanagement schon haben, wenigstens adäquat darzustellen. Momentan lernt der Leser unseres Risikoberichts, das muss man fairerweise sagen, praktisch nichts über die Leistungsfähigkeit unseres Risikomanagements und unsere Risikosituation. Der einzige Trost ist, dass die Risikoberichte vieler anderer börsennotierten Gesellschaften auch nicht viel besser sind[15]. Wir sollten zukünftig zumindest durch eine systematische **Risikoidentifikation** gewährleisten, dass nicht im Nachhinein durch eingetretene Planabweichungen Risiken aufgedeckt werden, die wir im Vorhinein nicht angegeben haben. Niemand erwartet von uns die Entwicklung z.B. des Dollarkurses, vorherzusagen. Allerdings müssen wir aufzeigen, dass unerwartete Veränderungen des Dollarkurses Ergebnisauswirkungen haben.

V: Das habe ich ja schon immer gesagt! Zum Glück haben wir wenigstens die wichtigsten Risiken mit Schadenshöhe und Eintrittswahrscheinlichkeit quantifiziert.

R: Und wir müssen zumindest im Risikobericht auch weg von der unsinnigen Darstellung, dass wir sämtliche Risiken durch Schadenshöhe und Eintrittswahrscheinlichkeit beschreiben. Wie sollen

---

[14] Heute relevant ist der DRS 20.

[15] *Berger / Gleißer* (2007) und *Kajüter* (2001), *Gleißner / Berger / Rinne / Schmidt* (2005), *Crasselt / Pellens / Schmidt* (2010) und *Angermüller / Gleißner* (2011).

wir ein Wechselkursrisiko, ein Rohstoffpreisrisiko oder Konjunkturrisiken so beschreiben? Der Dollarkurs ändert sich sicher, wir wissen nur nicht wie stark, in welche Richtung und welche Implikationen dies ergibt. Wir sollten daher zumindest angeben, dass wir Risiken auch durch eine **Normalverteilung**, wie bei Währungs- und Rohstoffpreisrisiken üblich, beschreiben können oder auch die mehrfach angesprochene **Dreiecksverteilung** nutzen – also Risiken durch Mindestwert, wahrscheinlichsten Wert und Maximalwert quantifizieren. So könnte man zumindest zeigen, dass wir eine sinnvolle Methodik der Risikoquantifizierung nutzen. Und möglicherweise sollten wir an einigen Stellen auch quantitative Informationen angeben, damit der Leser zumindest eine grobe Orientierung bezüglich der Größe der Risiken unseres Unternehmens erhält – und mögliche, unverschuldete Planabweichungen.

V: Das lässt sich sicherlich im nächsten Geschäftsbericht leicht so darstellen.

R: Natürlich lässt es sich leicht darstellen. Wir sollten aber natürlich auch sicherstellen, dass die entsprechenden Methoden tatsächlich bei uns genutzt werden. Alles andere würde natürlich eine unzutreffende Darstellung bedeuten.

V: So? Natürlich!

R: Darüber hinaus würde ich überlegen, zumindest eine Aussage zur aggregierten Gesamtrisikoposition zu ergänzen, beispielsweise ausgedrückt durch den risikobedingten **Eigenkapitalbedarf**. Nur so ist es überhaupt möglich, tatsächlich die Bestandsbedrohung des Unternehmens durch mögliche aggregierte Risikowirkungen einzuschätzen und damit auch die Anforderungen des Prüfungsstandards 340[16] zu erfüllen. Und nur so finden wir heraus, ob Kombinationen einzelner Risiken zu einer Bedrohung werden können.

---

16 Als Umsetzung des KonTraG insbesondere des § 91,2 AktG: „Die Risikoanalyse beinhaltet eine Beurteilung der Tragweite der erkannten Risiken in Bezug auf Eintrittswahrscheinlichkeit und quantitative Auswirkungen. Hierzu gehört auch die Einschätzung, ob Einzelrisiken, die isoliert betrachtet von nachrangiger Bedeutung sind, sich in ihrem

Und auch im Risikomanagement gilt: If you can't measure it, you can't manage it.
Auch wenn wir noch kein perfektes, regelmäßig genutztes **Risikoaggregationsmodell** haben, könnte man dies relativ einfach gewährleisten. Ein Freund hat mir erzählt, dass er schon bei mehreren börsennotierten Aktiengesellschaften quasi im Schnellverfahren mit einer vorhandenen Standard-Simulationssoftware in einem eintägigen Workshop eine Erstabschätzung von Gesamtrisikoposition und Eigenkapitalbedarf sowie eine Ratingprognose berechnet hat. Im Geschäftsbericht könnten wir entsprechend angeben, dass wir hier ein Simulationsverfahren nutzen und mit Einsatz dieses Risikoaggregationsverfahrens zur Schlussfolgerung gekommen sind, dass auch die aggregierte Gesamtrisikoposition durch unser Eigenkapital, also das Risikodeckungspotenzial, adäquat abgesichert ist. Später können wir uns dann damit befassen, aufbauend auf unserem Controllingsystem noch stärker unternehmensspezifische Verfahren zu implementieren, die regelmäßig, z.B. für das quartalsmäßige Reporting an den Aufsichtsrat, die aktuelle Risikoposition aggregiert anzeigen.

V: Das hört sich gut an. Schön, dass es hier eine so pragmatische Lösung gibt. Aber Sie haben gerade ein weiteres Problem angesprochen. Bei der erwähnten Analystenkonferenz war Herr Dr. A., unser Aufsichtsratsvorsitzender, anwesend. Und er hat mir gleich nach der Konferenz gesagt, dass er in Anbetracht der nun für ihn offenkundig gewordenen Defizite unseres Risikomanagements zukünftig eine regelmäßige und ausführliche Berichterstattung für den Aufsichtsrat wünscht. Was soll ich denn ihrer Meinung nach dem Aufsichtsrat erzählen? Mich würde sehr interessieren, ob sich Ihre Idee mit meinem Konzept deckt.

R: Nun, wie schon bisher, sollten wir ein Risikoinventar, die Liste unserer Toprisiken, liefern und dabei allerdings sicherstellen, dass zukünftig tatsächlich alle wesentlichen Risiken erfasst sind. Wie erwähnt, ist es auch für einen Aufsichtsrat sehr leicht anhand einge-

---

Zusammenwirken oder durch Kumulation im Zeitablauf zu einem bestandsgefährdenden Risiko aggregieren können."

tretener Planabweichungen zu prüfen, ob wir tatsächlich alle wesentlichen Risiken erfassen.[17]

V: Theoretisch geht das leicht ... aber in der Praxis mit unseren Aufsichtsräten? ... Vergessen Sie die letzte Bemerkung.

R: Darüber hinaus braucht der Aufsichtsrat natürlich für seine Überwachungsfunktion mindestens eine Aussage über den aggregierten Gesamtrisikoumfang. Nur so ist er in der Lage zu sehen, ob unser aggregierter Gesamtrisikoumfang durch die verfügbare Risikotragfähigkeit, Eigenkapital und Liquidität, abgesichert werden kann. Nur so kann er also letztlich den Grad unserer Bestandsbedrohung sehen. Sollte der aggregierte Risikoumfang das Risikodeckungspotenzial übersteigen, muss ja auch der Aufsichtsrat über eine Kapitalerhöhung entscheiden – oder über ein Maßnahmenpaket, das zur Reduzierung der Risiken und damit des Eigenkapitalbedarfs beiträgt.
Wenn wir denn doch irgendwann einmal Controlling zu der notwendigen Weiterentwicklung ihrer Instrumente überredet haben, sollte der Aufsichtsrat natürlich auch ergänzend zu den traditionellen Planwerten realistische Bandbreiten genannt bekommen, um eine Vorstellung von der Planungssicherheit und dem realistischen Umfang von möglichen zukünftigen Planabweichungen zu erhalten. Nur so kann gewährleistet sein, dass man unbedeutende Abweichungen und schwerwiegende Abweichungen überhaupt unterscheiden kann.

V: ... und weiter?

R: Da wir zudem, zumindest gemäß der Veröffentlichungen unserer Investors Relations Abteilung, ein wertorientiert denkendes Unternehmen sind, sollte der Aufsichtsrat natürlich erfahren, wie hoch der risikogerechte Kapitalkostensatz als Renditeanforderung unseres Unternehmens ist.

---

17 Vgl. *Gleißner* (2007), S. 173ff

Der wesentliche Nutzen des Risikomanagements besteht in der Schaffung von Transparenz über Einzelrisiken und den aggregierten Gesamtrisikoumfang sowie der Reduzierung des Umfangs von Planabweichungen bzw. der Verbesserung der Planungssicherheit. Dies führt zu stabileren Ergebnissen und Cashflows mit der Konsequenz der Reduzierung der erwarteten Konkurskosten, stabilerem Rating, sinkenden Kapitalkosten und einer geringeren Wahrscheinlichkeit, dass das Unternehmen in eine Krisensituation gerät und an sich wertsteigernde Investitionen nicht finanzieren kann.

V: Ich denke, das ist alles schön und gut. Aber sind wir doch einmal ehrlich. Der Aufsichtsrat hat doch überhaupt nicht die Kompetenz zu verstehen, wie unser Risikomanagement funktioniert. Soll ich ihnen von Wahrscheinlichkeitsverteilungen und Value-at-Risk erzählen? Von stochastischen Planungstechniken und Simulationsverfahren? Das verstehen die doch nie.

R: Das ist natürlich eine – allerdings lösbare – Herausforderung. Ein mir bekannter Wirtschaftsprüfer hat einmal gesagt, dass man auch alle wesentlichen betriebswirtschaftlichen Informationen im KLV-Stil darstellen können muss – also für Kinder, Laien und Vorstände verständlich.

V: Wie bitte?

R: Entschuldigung, ich meine natürlich KLA, für Kinder, Laien und Aufsichtsräte.

V: Was heißt das nun konkret? Wie erklärt man, wie wir beispielsweise zum risikobedingten Eigenkapitalbedarf kommen?

R: Das ist eigentlich gar nicht so schwierig. Die Aufsichtsräte müssen verstehen, dass Risiken letztlich die Ursachen möglicher Planabweichungen sind. Um den **Gesamtrisikoumfang** zu bestimmen, simulieren wir ausgehend von Planung und der Risiken eine große repräsentative Anzahl möglicher risikobedingter Zukunftsszenarien des Unternehmens. Anstelle einer einfachen Punktschätzung erhält man so eine realistische Bandbreite der Zukunftsentwicklung von Gewinn und Cashflow. Und so kann man ableiten, welche Planabweichungen und welcher Umfang an Verlusten realistisch ist und weiß damit unmittelbar, wie viel Eigenkapital zur Abdeckung risikobedingter Verluste notwendig ist. Das ist eigentlich schon alles.

Man muss nicht unbedingt aufzeigen, dass der leicht verständliche Eigenkapitalbedarf weitgehend einem **Value-at-Risk** oder auch **Conditional Value-at-Risk** entspricht. Wir können uns ja an der Sprache orientieren, die allgemein verständlich ist. Natürlich kann man auf Rückfrage dann an einigen Punkten noch etwas präziser werden.

Man kann so beispielsweise erklären, dass der Eigenkapitalbedarf gerade abhängt von dem Zielrating, das der Aufsichtsrat vorgegeben hat. Das von uns angestrebte **BBB-Rating** bedeutet, dass wir mit, sagen wir, etwa 99,5 %iger Wahrscheinlichkeit das nächste Jahre überleben, also weder illiquide noch überschuldet sein sollen. Entsprechend bestimmen wir den Eigenkapital- und analog auch den Liquiditätsbedarf des Unternehmens so, dass mit 99,5 %iger Wahrscheinlichkeit die risikobedingt denkbaren Verluste getragen werden können.

> Risikomaße bilden ein Risiko (eine Wahrscheinlichkeitsverteilung) auf eine positive reelle Zahl ab und ermöglichen damit den Vergleich und die Priorisierung von Risiken. Die sogenannten lageabhängigen Risikomaße, wie der Value-at-Risk und der Conditional Value-at-Risk, kann man als „risikobedingten Eigenkapitalbedarf" auffassen. Die sogenannten lageunabhängigen Risikomaße, wie Deviation Value-at-Risk (relative Value-at-Risk) oder Standardabweichung, zeigen den Umfang von möglichen Planabweichungen und sind damit auch als Maße der Planungssicherheit zu interpretieren.

V: Hört sich wirklich einfach an. Ich glaube, wenn man in der Tiefe versteht, worum es in Sachen Risikomanagement geht, kann man dies auch sehr einfach kommunizieren. Ich glaube, dass diese Grundideen sogar unser Aufsichtsrat versteht. Aber was machen wir nun, solange wir noch nicht die notwendigen Prozesse im

Risikomanagement ausgebaut haben, um wirklich alle wesentlichen Risiken zu erfassen, und auch der Gesamtrisikoumfang noch nicht berechnet ist? Sie wissen ja, momentan gibt es bei uns andere Prioritäten.

R: Sie wissen auch, dass ich nicht wirklich verstehe, dass immer andere Themen höhere Priorität haben, aber …

V: Die strategische Prioritätensetzung in unserem Unternehmen sollten Sie schon dem Vorstand überlassen.

R: … aber als Notlösung könnten wir zumindest sowohl im Geschäftsbericht als auch gegenüber dem Aufsichtsrat oder den Finanzanalysten angeben, dass wir uns gerade mit der Entwicklung eines Risikoaggregationsmodells befassen, um unser Risikomanagement weiter zu entwickeln. Selbst Wirtschaftsprüfer lassen sich erfahrungsgemäß mit derartigen Hinhalteaussagen jahrelang zufrieden stellen und prüfen nicht wirklich, ob und mit welchem Verfahren die im Prüfungsstandard 340 eigentlich geforderte **Risikoaggregation** tatsächlich durchgeführt wird. Offenbar sind sie noch nicht einmal irritiert, wenn keine Aussage über den aggregierten Gesamtrisikoumfang existiert, der mit dem Risikodeckungspotential verglichen wird.
Also, so leid es mir letztendlich tut, ich glaube, wenn Sie es unbedingt wollen, dass man mit einer derartigen Hinhaltetaktik durchaus noch eine Zeitlang Erfolg haben kann.

V: Das ist hervorragend. So werden wir es machen und wir werden selbstverständlich langfristig die entsprechenden Baustellen, so wie Sie es schon angeregt haben und es auch meine Überzeugung ist, lösen.

R: Nur der Sicherheit halber möchte ich allerdings noch einmal darauf hinweisen, dass, wenn unser Unternehmen tatsächlich in Schwierigkeiten kommen sollte durch die Auswirkung von Risiken, die an sich im Unternehmen bekannt, aber im Risikomanagement nicht berücksichtigt wurden, erhebliche auch haftungsrechtliche Probleme auf den Vorstand zukommen können.

V: Das müssen Sie mir jetzt aber genauer erklären.

R: Sie wissen, dass beispielsweise in der Controllingabteilung im Rahmen von Planungsprozessen und bei Abweichungsanalysen implizit eingetretene Risiken aufgedeckt und zum Teil sogar quantifiziert werden. Diese Risiken sind an sich im Unternehmen bekannt. Aber sie werden nicht an das zentrale Risikomanagement weitergeleitet und selbst wenn wir ein Risikoaggregationsmodell hätten, würden diese Informationen hier nicht einfließen. Damit haben wir ein Organisationsversagen und die Grundanforderungen des Kontroll- und Transparenzgesetzes sind nicht erfüllt. Es wird insbesondere also nicht durch geeignete Organisationsprozesse sichergestellt, dass alle wesentlichen Risiken auch beim Vorstand und Aufsichtsrat bekannt werden.

V: Oha, davon hat die Revision noch nie was gesagt …

R: Genau die fehlende Verknüpfung von Controlling und Risikomanagement kann hier im Schadensfall möglicherweise die persönliche **Haftung** auslösen, mit der das Kontroll- und Transparenzgesetz droht.

V: Oh, wir müssen hier also doch schnell handeln …

R: Genau, ich habe hierfür schon einige Überlegungen angestellt, wie ohne große bürokratische Mehrarbeit dieses Problem lösbar ist …

V: … zum Glück habe ich nächste Woche sowieso einen Termin mit unserem Herrn Sowieso, dem Versicherungsheini, und werde klären, ob dieses Problem durch unsere D&O-Versicherung adäquat abgedeckt ist.[18]

---

18 Vgl. *Cyrus / Gleißner* (2013) zu den Grenzen einer D&O-Versicherung.

Juli 2008

V: Guten Tag, Herr Riskheimer. Ich möchte gerne mit Ihnen über Risikoinventar und Risikomaße reden.

R: Freut mich schon, dass Sie etwas Zeit für mich und das Thema Risikomanagement finden.

V: Was den Aufsichtsrat natürlich immer beeindruckt, sind die **Riskmaps**. Die Darstellung der Risiken in Abhängigkeit von Schadenshöhe und Eintrittswahrscheinlichkeit ist ein gutes Instrument, um auch einem Nichtexperten die Bedeutung von Risiken darzustellen.

R: Ich weiß, dass diese Darstellungsmethode populär ist. Aus meiner Sicht ist sie jedoch, entschuldigen Sie, wenn ich das so direkt sage, irreführend.[19] Zum einen lassen sich viele Risiken kaum sinnvoll durch Schadenshöhe und Eintrittswahrscheinlichkeit beschreiben, man denke an Zinsänderungs-, Absatzmengen- oder Wechselkursrisiken.

V: Das weiß ich auch, Schadenshöhe und Eintrittswahrscheinlichkeit sind geeignet für Risiken, die durch eine Binomialverteilung zu beschreiben sind. Wenn man ein Risiko durch Mindestwert, wahrscheinlichsten Wert und Maximalwert, also Dreiecksverteilung beschreibt, wird es zugegebenerweise etwas schwierig, in diese Darstellungsform umzurechnen.

R: Aus meiner Sicht ist aber eine sinnvolle Darstellung so fast unmöglich. Zinsen, Wechselkurse, Rohstoffpreise und Nachfrage verändern sich praktisch mit Sicherheit – die Eintrittswahrscheinlichkeit wäre entsprechend 100 %. Und wie groß ist bitte die Schadenshöhe?

V: Ich verstehe das ja, aber meine mit dem Thema Risiko nicht so vertrauten Kollegen und auch viele Mitarbeiter im Hause benötigen doch eine geeignete visuelle Darstellung von Risiken. Und auch die Wirtschaftsprüfer lieben unsere Riskmaps.

---

19 *Gleißner / Romeike* (2011).

R: Ich will mir natürlich nicht anmaßen, hier bewährte Konzepte zu kritisieren …

V: Sprechen Sie offen. Mich interessiert Ihre fachliche Meinung. Ich will, dass meine Mitarbeiter mitdenken, eigene Ideen entwickeln – verlassen Sie sich darauf, offene Worte finden bei mir offene Ohren und werden nicht zu Ihrem Nachteil sein.

R: Also keinesfalls taugen die traditionellen Riskmaps. Solche wenig aussagefähigen Risikoportfolios sind zwar optisch sehr schön. Ein Freund von mir spricht hier immer von „Malen nach Zahlen". Nach meiner Erfahrung suggerieren sie aber sogar eine völlig falsche Priorisierung der Risiken. Rechts oben werden die gravierendsten Risiken dargestellt, was bestenfalls tendenziell korrekt ist. Rechts oben befinden sich eben die Risiken, mit dem höchsten Schadenserwartungswert, dem Produkt von Eintrittswahrscheinlichkeit und Schadenshöhe. Und dieses zeigt lediglich welche Auswirkungen Risiken im Mittel haben. Damit wird die Relevanz von seltenen, aber dann besonders schwerwiegenden Risiken, mit hohem Verlustpotenzial und damit hohem gebundenen Eigenkapital, tendenziell unterschätzt.

> Der Schadenserwartungswert, Schadenshöhe × Eintrittswahrscheinlichkeit, ist im eigentlichen Sinn kein Risikomaß. Ein Risikomaß soll jedoch verdeutlichen, welche Ergebnisbelastung in einem definierten Extremfall auftritt. Entsprechend drückt das Risikomaß des Value-at-Risk aus, welcher Höchstschaden innerhalb z.B. eines Jahres mit z.B. 99%iger Sicherheit nicht überschritten wird.

V: Verstanden. Aber was ist nun die Alternative? Auf eine visuelle Darstellung ganz verzichten? Lediglich ein Risikoinventar zeigen?

R: Man kann, wenn man unbedingt eine Art Risikoportfolio möchte, ein Diagramm nutzen mit zwei anderen Achsen, nämlich Erwartungswert der Ergebnisbelastung bzw. Schaden des Risikos auf der X-Achse und einem, sagen wir, realistischen Höchstschaden auf der Y-Achse. Eine derartige Portfoliodarstellung entspricht auch weitgehend dem Verständnis eines Portfolios in der Finanzwirtschaft. Ähnlich dem **Markowitz-Portfolioansatz** ist auf der einen Seite dargestellt, welches Ergebnis im Mittel eintritt, also der Schadenserwartungswert. Auf der anderen Achse wird dann ein tatsächliches Risikomaß dargestellt, also der von mir angesprochene wahrscheinliche Höchstschaden oder wie man in der Versicherungswirtschaft auch sagt, der probably maximum loss, der PML.

V: Und auf diese Weise kann man auch Risiken darstellen, die beispielsweise durch eine Dreieicksverteilung oder eine **Normalverteilung** quantitativ beschrieben werden?

R: Nahezu jede in der Praxis verwendete Wahrscheinlichkeitsverteilung zur Beschreibung von Risiken kann auf den Erwartungswert und ein Risikomaß abgebildet werden, wie beispielsweise den **Value-at-Risk**. Den Value-at-Risk oder vielleicht besser sogar einen sogenannten Conditional Value-at-Risk kann man für die Operationalisierung eines realistischen Höchstschadens verwenden.
Nur für Sie als Experten möchte ich anmerken, dass der Value-at-Risk nur mit Einschränkungen als realistischer Höchstschaden interpretiert werden kann. Er sagt eben aus, welcher Schaden mit einer vorgegebenen Wahrscheinlichkeit von z.B. 99 % nicht überschritten wird. Es sagt aber überhaupt nichts darüber, welche Schäden in den verbliebenen z.B. 1 % der Fälle eintreten können. Im Gegensatz dazu ist das Risikomaß Conditional Value-at-Risk, der sogenannte CVaR, eine Größe, die auch die Extremverluste bei Überschreiten des Value-at-Risk-Wertes erfasst.

V: Das ist natürlich interessant. Wenn ich Sie richtig verstehe, gibt es damit doch eine vergleichsweise leicht verständliche Version eines Risikoportfolios oder einer Riskmap. Wir stellen den Erwartungswert der Wirkung eines Risikos einem geeigneten Risikomaß gegenüber, einem Value-at-Risk, oder umgangssprachlich gesprochen Höchstschadenswert, dar. Die Idee gefällt mir sehr gut und sicherlich ist das auch für meine Kollegen eine geeignete Vorgehensweise. Aber ich befürchte, dass wir für die Berechnung dieser Größen wieder einiges investieren müssen? In Software?

R: Hier kann ich Sie beruhigen. Eine einfache Software, die für die in der Praxis üblichen Arten der quantitativen Beschreibung von Risiken eine Positionierung von einem Portfolio – eine Riskmap – vornimmt, ist sogar kostenlos verfügbar.[20]

V: Moment. Da fällt mir doch noch etwas auf. Bestimmen wir nicht auch die Höhe der **Rückstellungen** für unsere Risiken als Produkt der erwarteten Schadenshöhe und der geschätzten Eintrittswahrscheinlichkeit?

R: In Anlehnung an Rechnungslegungsstandards, wie speziell IFRS, bilden wir für bestimmte Risiken Rückstellungen. Rückstellungen gebildet werden dabei allerdings nur für Risiken, deren Eintrittswahrscheinlichkeit mindestens 50 % beträgt. Und für diese wird genau der Schadenserwartungswert im Schadensfall angenommen. Und damit drücken wir genau nur aus, wie hoch die mittlere Belastung durch ein Risiko ist – und sagen nichts über die möglichen Spitzenbelastungen bei Eintritt des Risikos und den durch diese Risiken ausgelösten möglichen Verlust und damit den Eigenkapitalbedarf. Auch sagen wir damit nichts über die Konsequenzen für unser Rating.

V: Damit zeigen die Rückstellungen zwar bestimmte Risiken an, sagen aber nichts über die eigentliche Risikohöhe, im Sinne von realistisch möglichen negativen Planabweichungen?

R: Genau so ist es und ich befürchte, dass dies den meisten Lesern von Bilanzen gar nicht bewusst ist.

V: Da können Sie aber sicher sein. Ich glaube, selbst unser eigenes Rechnungswesen erkennt nicht, dass mit Rückstellungen lediglich ein Teilaspekt des Risikos erfasst wird – und manche Wirtschaftsprüfer dürften auch nicht viel schlauer sein.

R: Vielleicht doch … aber dann tarnen sie ihr Wissen geschickt.

V: Faszinierend.

---

[20] In der Softwaresammlung bei *Gleißner* (2011) enthalten bzw. unter www.futurevalue.de

Die quantitative Beschreibung von Risiken erfolgt durch Wahrscheinlichkeitsverteilungen, also beispielsweise durch eine Binomialverteilung (Schadenshöhe und Eintrittswahrscheinlichkeit), eine Dreiecksverteilung (Mindestwert, wahrscheinlichster Wert und Maximalwert) oder eine Normalverteilung (Erwartungswert und Standardabweichung). Bei der Betrachtung mehrerer Perioden spricht man von stochastischen Prozessen.

August 2008

V: Nett, dass Sie so schnell kommen konnten. Ich hatte ein Gespräch mit Controlling und unseren Wirtschaftsprüfern zu unserem Investitionsrechenverfahren.

R: Aha? Mit mir wollten die darüber noch nie reden.

V: Sie erwähnen des Öfteren, dass ein Abwägen erwarteter Erträge und Risiken bei unternehmerischen Entscheidungen, wie Investitionen, rational sei. Natürlich sehe ich dies genauso und ich habe auch eine sehr klare Vorstellung, wie rationale Entscheidungen in Unternehmen zu treffen sind. Aber nur um mögliche Missverständnisse zu vermeiden, wäre es mir recht, Sie würden mir Ihr diesbezügliches Verständnis einmal kurz zusammenfassen.

R: Gerne. Eine rationale Entscheidungsfindung in Unternehmen orientiert sich an den unternehmerischen Zielen, am zentralen Erfolgsmaßstab des Unternehmens, bei uns als börsennotiertem Unternehmen also am Unternehmenswert.

V: Ich erinnere mich an Ihre früheren Aussagen. Aufgrund hoher Volatilität und teilweise offenbar auch wenig rationalen Schwankungen meinen Sie damit nicht den aktuellen Börsenkurs.

R: Ich meine den fundamentalen Wert, an dem sich auch die Börsenkurse langfristig orientieren … aber mit erheblichen Schwankungen und temporären Abweichungen. Der fundamentale Unternehmenswert sollte basierend auf unserer Planung und eben den

Ertragsrisiken, nicht basierend auf Aktienkursschwankungen, modellbasiert berechnet werden. Grundlage für die Berechnung ist damit unsere Unternehmensplanung, das heißt, die daraus abgeleiteten Erwartungswerte von den zukünftigen Cashflows, die mit Hilfe des Discounted-Cashflow-Modells, unseres Bewertungsmodells, auf einen Unternehmenswert diskontiert werden. Der Diskontierungszinssatz ist abhängig von der Höhe der Risiken, z.B. ausgedrückt durch die Volatilität der Cashflows.

V: Das erwähnen Sie oft genug. Ebenso wie die Tatsache, dass – für mich völlig nachvollziehbar – dieser Diskontierungszinssatz natürlich basierend auf unseren zukünftigen Ertragsrisiken und nicht aus historischen Bewegungen unseres Aktienkurses an der Börse abgeleitet wird, wie üblicherweise beim CAPM.

R: Ja. Und meine Vorstellung eines rationalen Entscheidens, nach dem Sie gefragt haben, geht von dem einfachen Grundprinzip aus: Man bestimmt einen klaren Erfolgsmaßstab und gegebenenfalls bestimmte Nebenbedingungen. Aufgrund unserer **Risikopolitik** haben wir beispielsweise als Nebenbedingung festgehalten, dass bei unserer Strategie mit – etwas unpräzise formuliert – sehr hoher Wahrscheinlichkeit ein **Investmentgrade-Rating** gesichert sein muss. Bei der Vorbereitung einer rationalen Entscheidung müssen nun die denkbaren Handlungsalternativen, also z.B. Gestaltungsvarianten eines Investitionsprojekts, im Hinblick auf die Konsequenzen für den Erfolgsmaßstab beurteilt werden. Zudem wird beurteilt, ob die Nebenbedingungen eingehalten werden.

Die Risikopolitik als Teil der Unternehmensstrategie legt fest, welche grundsätzlichen Rahmen beim Aufbau des Risikomanagements eines Unternehmens zu beachten sind. Insbesondere werden hier auch Limit für Einzelrisiken und Obergrenzen für den Gesamtrisikoumfang, beispielsweise ausgedrückt in der Eigenkapitaldeckung oder dem Zielrating, fixiert.

V: Dies entspricht auch meinem Verständnis. Durch ein derartiges Vorgehen kann natürlich nie die Managemententscheidung ersetzt werden. Aber es kann fundiert vorbereitet werden. Und bevor Sie darauf hinweisen: Mir ist durchaus bewusst, dass bei weitem nicht alle Entscheidungen bei uns im Unternehmen so stringent vorbereitet werden. Also Formulierung konkreter Ziele, Bildung eines Modells, Ableitung der erforderlichen Informationen, Berücksichtigung von Nebenbedingungen, Diskussion kritischer Annahmen …

R: Um ehrlich zu sein, sehe ich hier auch maßgeblich eine Schwäche unseres Controllings, da nach modernem Managementverständnis Controlling doch maßgeblich dazu beitragen soll, dass im Unternehmen möglichst rationale, an den Zielen der Eigentümer orientierte Entscheidungen getroffen werden.

V: Ich weiß, dass Sie von unserem Controlling keine besonders hohe Meinung haben und insbesondere nicht davon überzeugt sind, dass das im Controlling entwickelte betriebswirtschaftliche Instrumentarium geeignet ist, erwartete Erträge und Risiken gegeneinander abzuwägen.

R: Wie auch? Man nutzt dort ja überhaupt keine quantitativen Risikoinformationen. Und wenn überhaupt eine Investitionsrechnung durchgeführt wird, werden die Diskontierungszinssätze oder Kapitalkosten aus dem Kapitalmarkt abgeleitet. Selbst die, ehrlicherweise gesagt nicht besonders guten, Risikoinformationen aus der Risikoanalyse der Projekte werden nicht in eine Anforderung an die erwartete Projektrendite umgerechnet.

V: Ich glaube, es ist jedem, auch einem Nichtexperten, offensichtlich, dass an sich die Erkenntnisse über die Projektrisiken auch in den Renditeanforderungen berücksichtigt werden müssen. Ich glaube allerdings, dass das betriebswirtschaftliche Instrumentarium, um dies in Praxis zu gewährleisten, relativ kompliziert ist, oder?

R: Durchaus nicht. Die Grundidee kann man sogar ziemlich einfach verdeutlichen und anwenden, sogar ohne den Einsatz von Simulationsverfahren. Darf ich dies an einem Beispiel erläutern?

V: Eigentlich habe ich ja bereits keine Zeit mehr. Aber mich würde doch interessieren, wie Sie denn bei einer Investitionsentscheidung vorgehen würden.

R: Ich gehe wieder einmal an den Flipchart. Nehmen wir an, wir haben ein ganz einfaches Investitionsprojekt zu beurteilen. Wir müssten die sichere Summe von 500 investieren. Und nach der Projektlaufzeit, sagen wir vereinfacht ein Jahr, erwarten wir einen Erlös von 1.300. Wir unterstellen zudem variable Kosten von 50 % der Erlöse und Fixkosten in Höhe von 600. Die Investitionssumme selbst ist natürlich dabei komplett als Abschreibung berücksichtigt.

V: Also ganz simpel nachgerechnet: der erwartete Gewinn beträgt 50.

R: Korrekt, 1.300 – [(1.300 · 0,5) + 600]

V: Die Rendite beträgt damit also … 10 %. Also wird die Investition durchgeführt?

R: Um das zu entscheiden, ist es notwendig, die Risiken zu kennen. Würde der Rückfluss tatsächlich sicher 1.300 betragen, wäre dies natürlich sinnvoll, denn die von Ihnen berechnete Rendite von 10 % liegt natürlich deutlich über der erzielbaren Verzinsung bei risikolosen Investments. Bei näherungsweise risikolosen deutschen Staatsanleihen würden wir im Moment nur rund 3 % erhalten.

V: Es ist natürlich klar, dass wir nun die Risiken berücksichtigen müssen, um zu bestimmen, welche erwartete Rendite notwendig ist. Unser EVA-Konzept zeigt sehr deutlich, dass Wertgenerierung nur zu erwarten ist, wenn bei einer Investition die erwartete Rendite über dem Kapitalkostensatz, also der risikogerecht geforderten Rendite liegt. Aber wie möchten Sie diesen Kapitalkostensatz ohne Bezug auf das Capital-Asset-Pricing-Modell und den Betafaktor als Risikomaß ableiten?

R: Das ist im Prinzip ganz einfach, wobei ich im folgenden Beispiel zugegebenerweise etwas vereinfache und beispielsweise nur ein Risiko berücksichtige und auch nicht zwischen diversifizierten und nicht diversifizierten Risiken unterscheiden möchte.[21] Auch die Möglichkeit eines Verkaufs des Investitionsprojekts, das jede mögliche Planabweichung bewertungsrelevant machen würde, vernachlässige ich.

V: Einverstanden.

R: Bevor wir die risikogerechte Rendite ableiten, aber noch eine zusätzliche Frage. Wie würden Sie das notwendige Investitionsvolumen, das Capital Employed[22], von 500 eigentlich finanzieren?

V: Nun in Abstimmung mit unserem Treasury gehen wir im Allgemeinen von einer branchenüblichen Eigenkapitalquote von 30% aus und würden entsprechend, na sagen wir rund 150 Eigenkapital einsetzen und die restlichen 350 fremdfinanzieren. Aber sicherlich haben Sie hier eine bessere Idee?

R: Die Bestimmung der aus Risikogesichtspunkten sinnvollen Eigenkapitalquote ist eigentlich ohne Kenntnis der Risiken nicht möglich. Man darf hier nie vergessen, dass wir Eigenkapital benötigen, um mögliche risikobedingte Verluste aufzufangen. Eigenkapital ist unser Risikodeckungspotenzial. Berechnen wir zuerst also einmal die risikogerechte Finanzierungsstruktur. Um keine Simulationsrechnungen zu benötigen, die ich am Flipchart nicht durchführen kann, unterstelle ich wie gesagt, dass es nur ein wesentliches Risiko gibt. Da gerade das Absatzmengenrisiko oft das größte Risiko ist, betrachte ich nur dies. Ich nehme nun an, dass der erwartete Erlös bzw. die Gesamtleistung im Mittel korrekt eingeschätzt wird und die möglichen Abweichungen normal verteilt sind.

V: Das ist für den Normalanwender aber schon zu kompliziert. Sie sollten Ihr Beispiel so darstellen, dass nicht nur ich, sondern auch ein typischer Zuhörer versteht, was Sie meinen.

R: Entschuldigung. Also wir gehen davon aus, dass sich Chancen und Gefahren, mögliche positive und negative Planabweichungen

---

21 Eine präzise Berücksichtigung findet man bei *Gleißner* (2015).

22 Er unterstellt vereinfachend, dass nur die Sachinvestitionen inkl. Working Capital extern zu finanzieren sind.

die Waage halten. Für die Berechnung der risikogerechten Finanzierungsstruktur müssen wir uns mit den möglichen negativen Planabweichungen befassen. Nehmen wir an, mit z.B. 95%iger Sicherheit wird der Planerlös durch die Investition nicht um mehr als 40 % unterschritten.
Kleiner Zusatzhinweis für Sie als Experte: Das 95%-Niveau habe ich aus dem Zielrating abgeleitet. Es drückt aus, dass wir mit 95%iger Sicherheit die möglichen Verluste auffangen werden, was etwa einem B-Rating entspricht.

V: Das weiß ich doch. Für Ihr Beispiel ok, aber eigentlich wollen wir „BBB" erreichen.

R: Also weiter in meinem Beispiel: Berechnen wir also ein Risikoszenario. Bei nur einem Risiko ist dies recht einfach, bei mehreren Risiken sind Simulationsverfahren unvermeidlich. In unserem Risikoszenario mit einer möglichen Abweichung vom erwarteten Umsatz in Höhe von 40 % ergibt sich ein Erlös von nur 780. Die variablen Kosten, die 50 % der Erlöse ausmachen, betragen dann 390, da wir eine Schwankung der Absatzmenge unterstellt haben. Die Fixkosten bleiben bei 600 und wir nehmen diese hier im Beispiel vereinfacht als risikolos an.

V: In diesem Szenario wäre das Ergebnis -210.

R: Genau. Und damit haben wir unseren Eigenkapitalbedarf bestimmt. Wir benötigen 210 Eigenkapital, um die möglichen risikobedingten Verluste aufzufangen, wenn man vom Diversifikationseffekt mit anderen Projekten vereinfachend absieht, also eine Projektfinanzierung plant. Damit haben wir zunächst die risikogerechte Finanzierungsstruktur berechnet. 210 Eigenkapital + 290 Fremdkapital – mehr Eigenkapital als nach unserer üblichen Daumenregel, wegen des hohen Risikos.

V: Das ist interessant. Eine derartige Berechnung einer risikogerechten Finanzierungsstruktur ist ja gar nicht kompliziert und da wundert es mich doch, dass diese simplen Rechnungen bei uns bisher nicht durchgeführt wurden.

R: Das wundert mich auch. Und mit dem Ergebnis kann man sehr leicht auch auf die risikogerechten Kapitalkosten schließen.

Die gewichteten Kapitalkosten, Weighted Average Cost of Capital, also die WACC, berechnen sich als Durchschnittsrendite aus risikogerechtem Eigenkapital und Fremdkapital. In unserem Beispiel also 10 % für Eigenkapital, also

$$10\% \cdot \left(\frac{210}{500}\right)$$

und sagen wir 4 % für Fremdkapital, also

$$4\% \cdot \left(\frac{290}{500}\right).$$

Das ergibt 6,52 %.

V: Das ist aber sehr einfach.

R: Nur der Vollständigkeit halber möchte ich erwähnen, dass der Eigenkapitalkostensatz abgeleitet wird aus der erwarteten Rendite einer risikogleichen Anlage – also beispielsweise unmittelbar aus dem vorgegebenen Zielrating, in unserem Fall einem B-Rating. Und dass auch durch das Ertragsrisiko, die Cashflow-Volatilität, direkt auf Kapitalkosten geschlossen werden kann.[23]

V: Es bleibt überraschend einfach. Eine derartige Rechnung kann man ja notfalls tatsächlich auf dem berühmten Bierdeckel vornehmen. Ich hätte nicht gedacht, dass sowohl risikogerechte Finanzierungsstruktur als auch risikogerechte Kapitalkosten so einfach aus den Ergebnissen der Risikoidentifikation abgeleitet werden können.

R: Klar, nur leider muss man das rechnen … und nicht nur das nachplappern, was die Mehrheit sagt.

V: Was Sie sagen, hört sich immer so an, als würden sich die Manager und Führungskräfte in unserem Hause und erfreulicherweise auch bei unseren Wettbewerbern eigentlich gar nicht mit Risiko und Risikomanagement auskennen. Das kann man doch so sicherlich nicht sehen. Oder?

---

[23] Vgl. *Gleißner* (2011a und 2011c), wo auch weiterführend gezeigt wird, wie der Variationskoeffizient der Gewinne oder Cashflows – ohne Bezug zur Finanzierungsstruktur – direkt in einen Kapitalkostensatz umgerechnet werden kann.

R: Man muss hier klar differenzieren. Natürlich haben viele erfahrene Fach- und Führungskräfte in unserem Hause, oft intuitiv und implizit, ausgeprägte Fähigkeiten im Umgang mit Risiken. Sie sehen mögliche Risiken beispielsweise eines Projektes voraus und ergreifen dann unmittelbar, und erfreulicherweise oft völlig korrekt, diejenigen Maßnahmen, die helfen, sich gegen dieses Risiko abzusichern. Präventiv und reaktiv, also wenn das Risiko schon wirksam zu werden droht.

V: Aber das ist doch genau das, was wir wollen. Sie sorgen dafür, dass Risiken beherrscht werden.

R: Und gerade hier tritt allerdings ein oft zentrales Verständnisproblem beim Nachdenken über Risiko und Risikomanagement auf. Erfahrene Manager sehen bestimmte Risiken, ergreifen Präventivmaßnahmen der Risikoabsicherung oder sind in der Lage, beim drohenden Eintritt eines Risikos dieses durch geschickte Improvisation, oft noch in letzter Sekunde, abzufangen. Dieser Teil des Risikomanagements funktioniert oft sehr gut.

V: Perfekt!

R: Aber dies ist nur die Hälfte des Themas Risikomanagement. Wenn es tatsächlich dem Management gelänge, durch präventive oder reaktive Maßnahmen alle risikobedingten Planabweichungen sicher abzufangen, würden wir in einer Welt der Sicherheit leben. Alle Entwicklungen der Zukunft und insbesondere die Entwicklung unseres Ergebnisses wären sicher vorhersehbar. Dies ist aber eben gerade nicht der Fall und gerade hier fängt die eigentliche Herausforderung im Risikomanagement erst an. Das Risikomanagement muss sich nämlich eben auch mit den nicht beherrschten Risiken, dies sind die eigentlichen Risiken, befassen. Oft unterscheidet man hier begrifflich auch zwischen dem sogenannten **Bruttorisiko**, also dem Risikoumfang vor Bewältigungsmaßnahmen, und dem **Nettorisiko** unter Berücksichtigung der initiierten und bei Bedarf initiierbaren Risikobewältigungsmaßnahmen. Auch wenn diese Begrifflichkeit nicht sehr präzise ist, zeigt sie jedoch den Kern.
Die Herausforderung im Risikomanagement besteht nämlich zum einen darin, gerade die wesentlichen, nicht komplett beherrschten Risiken zu analysieren, da spätere Planabweichungen oft auf verse-

hentlich nicht erfasste oder völlig falsch quantifizierte Risiken zurückzuführen sind.

V: Das, was Sie offenbar als wesentlichen Aspekt des Risikomanagements ansehen, ist also der Umgang mit den nicht beherrschten Risiken?

R: Das kann man durchaus so sehen. Neben der Vervollständigung der Risikoidentifikation muss sich das Risikomanagement nämlich genau mit der Komponente der Risiken befassen, die durch initiierte und bei Bedarf initiierbare Bewältigungsmaßnahmen des Unternehmens eben nicht aufgefangen werden können. Diese Restrisiken oder Nettorisiken – und nur diese – sind nämlich Auslöser von insbesondere negativen Planabweichungen, Verlusten, und müssen entsprechend durch Eigenkapital hinterlegt werden.
Die oft übersehene zentrale Herausforderung des Risikomanagements besteht also darin, die trotz der Risikobewältigungsmaßnahmen bestehenden Nettorisiken adäquat zu erfassen. Und genau diese verbleibenden Nettorisiken sind es auch, die für die Entscheidung für oder gegen ein Projekt zu berücksichtigen sind. Wir haben öfters über das Abwägen erwarteter Erträge und Risiken gesprochen. In den erwarteten Erträgen sind, hoffentlich, die Kosten aller initiierten Risikobewältigungsmaßnahmen berücksichtigt. Das Abwägen der erwarteten Erträge und der Risiken bedeutet, dass hierbei gerade eben die nicht bewältigten oder nicht bewältigbaren Risiken im Entscheidungskalkül erfasst werden müssen. Nur diese beeinflussen die Kapitalkosten, also die Mindestanforderungen an die erwartete Rendite. Und dies wird in der Praxis des Risikomanagements oft übersehen.

V: Ihr Fazit?

R: Viele Unternehmen haben ausgeprägte Stärken, einzelnen Risiken durch geeignete Maßnahmen zu begegnen. Und sie haben zugleich ausgeprägte Schwächen, die verbliebenen Risiken nicht adäquat bei unternehmerischen Entscheidungen zu berücksichtigen. Sie können nicht gut mit Risiken rechnen.

V: Sehr beruhigend.

Wertorientiertes Management basiert auf Risikoinformationen: ein höherer Umfang von (nicht diversifizierten) Risiken führt zu potenziell höheren Planabweichungen und Verlusten und damit zu einem höheren Bedarf an „teurem" Eigenkapital. Mit einer Zunahme des Bedarfs an Eigenkapital bzw. einer höheren Ertragsvolatilität steigen die Kapitalkosten und damit sinkt der Wert.

Performancemaße verbinden den Erwartungswert einer Zahlung oder einer anderen Ergebnisgröße mit einem geeigneten Risikomaß.

Anfang September 2008

V: Schön, dass ich Sie sehe. Ich wollte Sie sowieso zu mir bitten. Geben Sie es zu, Sie haben vor kurzem mit Herrn Sowieso, Sie wissen schon, dem Versicherungsheini, gesprochen.

R: Wie kommen Sie denn darauf?

V: Ich habe letzte Woche mit ihm gesprochen und ihm dabei klar gemacht, dass wir im Rahmen unserer nun anlaufenden Kostensenkungsprogramme auch eine signifikante Reduzierung der Versicherungsprämien erreichen möchten. Und wie hat er darauf reagiert? Nicht mit Möglichkeiten der Anpassung von Vertragsklauseln oder kleinen Einsparpotenzialen bei Prämien. Er hat gesagt, dass er mir gerne einmal den – wörtlich – **Wertbeitrag** seiner Versicherungsprogramme aufzeigen möchte. Er sähe sich nämlich nicht mehr lediglich als Kostenfaktor, sondern seinen Verantwortungsbereich als wesentliche Komponente zur Absicherung unseres Unternehmens, unseres Ratings und sieht sogar einen Beitrag zur Steigerung unseres Unternehmenswertes.
Ich habe nur gestaunt!

R: Das ist doch sehr erfreulich, dass man im Versicherungsbereich nun auch solche Ideen aufgreift und die Idee eines wertorientierten Managements ernst nimmt.

V: An sich natürlich schon. Aber leider hat er offenbar nicht so richtig verstanden, was Sie ihm erklärt haben. Sie waren das doch?

R: Ich gestehe.

V: Also dann erklären Sie mir doch bitte, was der Wertbeitrag einer Versicherung ist und was man unter **Total Cost of Risk** versteht. Natürlich könnte ich das auch nachlesen, aber Sie wissen ja, wie wenig Zeit ein Vorstand hat, sich mit neuen betriebswirtschaftlichen Konzepten zu befassen. Ich werde ja nicht für das Lesen von Fachzeitschriften bezahlt. Das Tagesgeschäft …

R: Gerne. Die Grundidee ist ganz einfach.

V: Also auch für mich verständlich, oder?

R: Das habe ich so nicht gemeint. Also: Die Idee einer Versicherung besteht darin, seltene schwerwiegende Schäden, die aus versicherbaren Risiken resultieren, auf eine Versicherungsgesellschaft zu transferieren. Diese kann solche Risiken durch den Ausgleich im Kollektiv, also die Vielzahl der abgeschlossenen Versicherungsverträge, und die damit einhergehenden Diversifikationseffekte, relativ leicht tragen. Die Versicherung verlangt dafür natürlich eine Versicherungsprämie, die höher ist als der Erwartungswert der Schäden, da auch Verwaltungskosten, die Versicherungssteuer, Gewinnzuschläge und anderes berücksichtigt werden.

V: Im Klartext bedeutet dies natürlich, dass durch das Abschließen von Versicherungen im Mittel unser Ertragsniveau immer sinkt.

R: Genau. Und Sie erinnern sich wahrscheinlich, dass deshalb die neoklassische **Kapitalmarkt- und Finanzierungstheorie** behauptet, Versicherungen würden grundsätzlich Unternehmenswerte zerstören. Versicherungen beziehen sich nämlich auf unternehmensspezifische Risiken, wie Sachschaden oder Haftpflichtfälle,

und diese beeinflussen nach den Theorien der vollkommenen Kapitalmärkte die Kapitalkosten nicht. In den Kapitalmarktmodellen, wie dem Capital-Asset-Pricing-Modell, sind nur unternehmensübergreifende systematische Risiken, wie sie sich in den Schwankungen unserer Börsen relativ zum Marktindex insgesamt ausdrücken, bewertungsrelevant.
Im Klartext: Das Abschließen von Versicherungen senkt das Ertragsniveau und die Rendite, aber der Kapitalkostensatz und damit die Anforderungen an die Rendite bleiben unverändert.

V: Aber das würde doch bedeuten, dass das Abschließen einer Versicherung immer zu einer Verschlechterung des **Economic Value Added**[24], unseres EVAs, führt. Der EVA ist doch gerade die Differenz von Kapitalrendite zum Kapitalkostensatz multipliziert mit dem eingesetzten Kapital, neudeutsch Capital Employed. Und wir steuern unser Unternehmen nach EVA. Wollen Sie wirklich sagen, alle Versicherungen zerstören Unternehmenswerte?

R: Nach diesem Konzept schon. Und genau genommen gilt dies für die meisten risikoreduzierenden Maßnahmen, da diese in den traditionellen wertorientierten Steuerungskonzepten auf der Hypothese vollkommener Märkte, wie eben dem Capital-Asset-Pricing-Modell, überhaupt nicht berücksichtigt werden. Nach dieser Vorstellung spielen unternehmensspezifische Risiken schlicht keine Rolle, da die Aktionäre diese durch ein perfekt diversifiziertes Portfolio selber eliminieren können. Wenn ich Anteile an 1.000 Unternehmen habe, ist es ziemlich egal, ob es bei einem davon brennt.

V: Aber das ist doch eine Fiktion. In der Zwischenzeit hat doch wohl jeder verstanden, dass praktisch kein Investor ein auch nur

---

[24] *EVA = CE · (ROCE - WACC) = EBIT - CE · WACC*
mit
EVA = Economic Value Added (Geschäftswertbeitrag)
CE = Capital Employed (eingesetztes Kapital)
EBIT = Earning Before Interest and Taxes (Gewinn vor Zins und Steuer)
WACC = Weighted Average Cost of Capital (gewichtete durchschnittliche Kapitalkosten)
ROCE = Return on Capital Employed (Rentabilität des eingesetzten Kapitals)

näherungsweise perfekt diversifiziertes Portfolio hat, in dem die Risiken von Einzelunternehmen keine Rolle spielen. Und Sie hatten schon häufiger darauf hingewiesen, dass auch **Konkurskosten** und **Finanzierungsrestriktionen** zu berücksichtigen sind. Und auch im Rating sieht man sicherlich die Konsequenzen von schweren Sachanlagen- oder Haftpflichtschäden, die diese Finanzkennzahlen verschlechtern.

R: Korrekt. Etwas überspitzt formuliert könnte man sagen, dass wir heute im Unternehmen nur deshalb Versicherungen abgeschlossen haben, weil niemand diese anhand des in unserem Unternehmen eigentlich propagierten EVA-Konzeptes nachgerechnet hat.

V: Sollen wir also jetzt alle Versicherungen kündigen und unsere Versicherungsabteilung schließen?

R: Nein. Und da sind wir wieder beim Wertbeitrag der Versicherungen. Das Problem sind hier nicht die Versicherungen oder andere risikoreduzierende Maßnahmen, wie beispielsweise Währungs- oder Rohstoffpreis-Hedges, sondern die bei uns aufgebauten wertorientierten Steuerungssysteme – die eigentlich keine sind!

V: Ach, ich erinnere mich.

R: Ja, meine Empfehlung ist schon seit langem, ausgehend von einem wirklich leistungsfähigen Risikomanagement ein tatsächlich wertorientiertes Steuerungsinstrumentarium aufzubauen. Nur ein solches ermöglicht es, Ertrag und Risiko gegeneinander abzuwägen.
Sie erinnern sich an die Grundidee: Mittels Simulation berechnen wir den aggregierten Gesamtrisikoumfang und können daraus ableiten, wie viel Eigenkapital und Liquidität erforderlich ist, um die Gesamtheit der nicht diversifizierten Risiken zu tragen. In einer Welt mit Konkurskosten und Finanzierungsrestriktionen können auch die sogenannten ideosynchratischen, also unternehmensspezifischen Risiken, bedeutsam sein. Letztlich ist es irrelevant, ob ein Unternehmen wegen eines systematischen oder unsystematischen Risikos insolvent wird. Und auch empirische Untersuchungen haben in der Zwischenzeit längst belegt, dass unsystematische

Risiken auch bei den Kapitalkosten und den Unternehmenswerten eine Rolle spielen.[25]
Ein höheres Risikovolumen führt zu mehr Planabweichungen, oft einem größeren Bedarf an teurem Eigenkapital und damit entsprechend höheren Kapitalkosten. Die Grundidee ändert sich auch, wenn man an Stelle von Eigenkapitalbedarf beziehungsweise Value-at-Risk lieber ein Maß für Planabweichungen, wie ein relativen Value-at-Risk, verwendet.[26]

V: Das weiss ich natürlich auch. Da eine Versicherung bestimmte Schäden auf eine Versicherungsgesellschaft transferiert, fängt sie bestimmte Verluste ab und reduziert so den Bedarf an Eigenkapital. Ein geringerer Bedarf an teurem Eigenkapital führt zu niedrigeren Kapitalkosten, also niedrigeren Anforderungen an die Rendite, und damit zu einem höheren EVA.

R: Ich hätte es nicht besser zusammenfassen können.

V: Vielen Dank, aber auch wenn ich Ihnen öfters mal Gelegenheit gebe, Ihre Gedanken etwas ausführlicher darzustellen, sollten Sie nicht vergessen, dass ich in Ökonomie promoviert habe und auch Bücher zum Thema Risikomanagement lese.

R: Selbstverständlich. Herr Sowieso, mir fällt der Name des Versicherungsheinis auch gerade wieder nicht ein, kann also recht leicht den Wertbeitrag seiner Versicherungsprogramme aufzeigen. Er zeigt, welche Reduzierung des risikobedingten Eigenkapitalbedarfs durch seine Versicherungsprogramme einhergehen und welchen Wertbeitrag, nur ein anderes Wort für den Economic Value Added, sich damit ergibt. Also ganz einfach ausgedrückt im Beispiel: Schauen wir uns den Versicherungsschutz an einem einfachen Fallbeispiel an. Nehmen wir an, ein Unternehmen beurteilt

---

25 z.B *Kerins / Smith / Smith* (2004) sowie *Baule / Ammann / Tallau* (2006) und *Gleißner / Wolfrum* (2008) sowie *Campbell / Hilscher / Szilagyi* (2008).

26 Der relative VaR zeigt mögliche Abweichungen vom Erwartungswert und korrespondiert damit mit der Konzeption vollkommener Märkte mit durchweg handelbaren Vermögensgegenständen.

Maßnahmen und Handlungsoptionen am Economic Value Added, dem EVA, als wertorientiertem Performancemaß. Und wie so oft wird dabei, wie leider auch noch bei uns, der Kapitalkostensatz auf Grundlage des CAPM mit dem Betafaktor als Risikomaß auf Grundlage historischer Kursbewegungen bestimmt.

V: Ich weiß, was Sie eben davon halten. Aber fahren Sie doch bitte mit dem Beispiel fort.

R: Gerne. Also als Zahlenbeispiel: Nehmen wir an, das Unternehmen hat ein EBIT von 100. Das im Unternehmen gebundene betriebsnotwendige Kapital, das Working Capital, beträgt 1.000, und damit errechnet sich eine Kapitalrendite von 10 %, die als Return on Capital Employed, ROCE, bezeichnet wird. Nehmen wir an, dass kein Fremdkapital eingesetzt wird.

V: Es überrascht Sie sicherlich nicht, dass ich das Beispiel bis hierhin nachvollziehen kann.

R: Ich gehe nun davon aus, dass das Unternehmen ein etwas überdurchschnittliches Risiko aufweist, der Betafaktor also mit 1,2 berechnet wurde und zudem von der erwarteten Rendite von Aktien, genauer dem sogenannten Marktportfolio, von 8 % ausgegangen wird und zusätzlich die Rendite risikoloser Anlagen bei 4 % liegt. Damit ergibt sich ein Kapitalkostensatz von … äh …

V: Klar, 8,8 % Weighted Average Cost of Capital, WACC[27].

R: Genau. Und als EVA berechnen wir $EBIT - WACC \cdot CE$, also $100 - 1.000 \cdot 8{,}8\,\% = 12$.

V: Das hört sich noch akzeptabel an. Aber Sie wollten doch eigentlich etwas zum Thema Versicherungen erläutern.

R: Genau. Nehmen wir an, das Unternehmen hat verschiedene Versicherungen, z.B. gegenüber Sachanlage- und Haftpflichtschä-

---

27 $WACC = r_f + \beta \cdot (r_m^e - r_f) = 4\% + 1{,}2 \cdot (8\% - 4\%) = 8{,}8\%$ sind hier gerade die Eigenkapitalkosten.

den, mit Gesamtversicherungskosten, insbesondere also Versicherungsprämien[28], von 10. Damit meine ich, dass durch die Kosten der Versicherung Mehrkosten von 10 entstehen im Vergleich zum Selbsttragen der Risiken. Wie ändert sich nun EVA, wenn sämtliche Versicherungen gestrichen werden?

V: Das ist natürlich einfach zu berechnen. EBIT steigt um 10 und natürlich bleibt das gebundene Kapital konstant. Und auch der Kapitalkostensatz bleibt unverändert, da sich natürlich der aus historischen Kapitalmarktdaten abgeleitete Betafaktor genauso wenig ändert, wie die anderen Marktgrößen. Damit ergibt sich … nun ein EVA in Höhe von +22, deutlich besser.

R: Genau. Das EVA hat sich also verbessert. Oder anders formuliert, das Eliminieren aller Versicherungen schafft einen positiven Unternehmenswert. Noch deutlicher: Alle Versicherungen zerstören den Unternehmenswert.

V: Das hört sich aber irgendwie nicht besonders plausibel an. Aber einen Rechenfehler kann ich auch nicht sehen. … ich sehe, worauf Sie hinauswollen. Der Fehler besteht darin, dass durch die Beseitigung des Versicherungsschutzes natürlich die Unternehmensrisiken ansteigen und dieser Anstieg des Risikos nicht im Kapitalkostensatz erfasst wird und auch die Änderung von Rating bzw. Insolvenzwahrscheinlichkeit wird ignoriert.[29]

R: Genau. Wenn die Kapitalkosten aus Kapitalmarktinformationen, wie beim CAPM, abgeleitet werden, wird der positive Effekt von Versicherungen und anderen Maßnahmen zur Reduzierung des Risikoumfangs nicht berücksichtigt. Zum einen kann man eine, eventuell erst geplante, Veränderung des Versicherungsschutzes

---

28 Wobei hier die zu tragenden bzw. übernehmenden Schäden berücksichtigt werden müssen.

29 Da Unternehmen nicht ewig existieren, wirkt die durch das Rating ausgedrückte Insolvenzwahrscheinlichkeit wie eine „negative Wachstumsrate" auf den Unternehmenswert (vgl. *Gleißner,* 2011a, und *Knabe,* 2012). Dieser Werttreiber wird in der wertorientierten Steuerung oft ignoriert.

natürlich keinesfalls aus Aktienkursbewegungen der Vergangenheit ablesen. Und darüber impliziert das Capital-Asset-Pricing-Model, dass alle Investoren perfekt diversifiziert sind und keine Konkurskosten zu berücksichtigen sind, so dass sich unternehmensspezifische Risiken grundsätzlich nicht auf den Betafaktor auswirken. Versicherungen zielen allerdings speziell auf unternehmensspezifische Risiken. Die Vorteile der Stabilisierung von Cashflows, der Absicherung des Ratings, der Reduzierung erwarteter Konkurskosten usw. wird so nicht erfasst.

V: Verstanden. Diesbezüglich hatten Sie ja bereits darauf hingewiesen, dass eine Alternative darin besteht, die Veränderung des Risikoumfangs, ausgedrückt im Umfang möglicher Planabweichungen oder im Eigenkapitalbedarf, unmittelbar für die Kapitalkosten auszuwerten und auch die Wirkungen auf das Rating zu erfassen.[30] Das EVA-Konzept auf Grundlage von CAPM zeigt also fälschlich eine Wertvernichtung durch Versicherungslösung.

R: Dies geht noch wesentlich weiter. EVA-Konzepte in dieser üblichen Konstruktion, wie wir sie auch noch nutzen, können grundsätzlich den Nutzen von geplanten Risikobewältigungsverfahren nicht adäquat abbilden. Diese Konzepte neigen damit dazu, Strategien und Handlungsoptionen lediglich anhand der Wirkungen auf das erwartete Ergebnis zu beurteilen. Damit wird in der Tendenz die Bedeutung von Risikobewältigung unterschätzt und es werden insgesamt zu riskante Handlungsoptionen durchgeführt.

V: Und was bedeutet dies nun konkret für die Versicherung?

R: Man kann nun leicht den Wertbeitrag einer Versicherung bestimmen, wenn man die Konsequenzen der Versicherung für den Bedarf an teurem und knappen Eigenkapital aufzeigt. Ich mache dies im Beispiel ganz einfach. Nehmen wir an, durch die Versicherung werden mögliche Schäden auf die Versicherungsgesellschaft übertragen und damit benötigt das Unternehmen, sagen wir, 200 weniger Eigenkapital zum Tragen möglicher risikobedingter Verluste. Die Reduzierung des Eigenkapitalbedarfs kann man, wie Sie sich

---

30 *Gleißner* (2013a)

sicherlich denken können, wieder mit Simulationsverfahren unter Berücksichtigung von Diversifikationseffekten berechnen.

V: Klar.

R: Nun kann man den Wertbeitrag der Versicherung leicht abschätzen. Angenommen, die erwartete Rendite auf Eigenkapital beträgt etwa 8 %. So ergibt sich durch die Versicherung eine Einsparung bei den kalkulatorischen Mehrkosten des Eigenkapitals, den Wagniskosten, von 8 % · 200 = 16. Dem stehen Kosten der Versicherung, insbesondere die Versicherungsprämie, von im Beispiel 10 gegenüber. Damit ist der positive Wertbeitrag der Versicherung von 6 pro Jahr gegeben.

V: Man kann also tatsächlich den Wertbeitrag von Versicherungen und anderen Instrumenten des Risikomanagements, wie beispielsweise auch Währungshedges, recht leicht zeigen. Dies ist offenbar bei realen Rating- und Finanzierungsrestriktionen besonders relevant.

R: Genauso ist es.

V: Faszinierend.

Der Nutzen von Risikotransferinstrumenten, wie Versicherungen, besteht darin, durch das Übertragen von potenziellen Schäden den Bedarf an teurem und knappen Eigenkapital zur Risikoabsicherung zu reduzieren. Risikotransferinstrumente substituieren damit Eigenkapital und damit auch die kalkulatorischen Eigenkapitalkosten (Wagniskosten), was zu einem positiven Wertbeitrag des Risikotransfers führt (Total-Cost-of-Risk-Ansatz).

V: Bleibt nur noch die Frage, wie diese interessante und eigentlich ganz einfache Idee in die Praxis umzusetzen ist.

R: Hier gibt es zwei Gestaltungsvarianten. Bei den sogenannten **Total-Costs-of-Risk-Ansätzen** werden in der Regel nur versicherbare Risiken berücksichtigt und es wird ein hierfür optimales Versicherungsprogramm bestimmt. Die Risiken werden in einem Rechenmodell, einer Art virtueller **Captive**, also einer gedachten Versicherungsgesellschaft, zusammengefasst. Dabei werden alle wesentlichen Kosten berücksichtigt, nämlich die zu zahlenden Versicherungsprämien für den Risikotransfer, die selbst zu tragenden Schäden, die beispielsweise von der Höhe der Selbstbehalte abhängen, und natürlich die kalkulatorischen Eigenkapitalkosten. Die kalkulatorischen Eigenkapitalkosten ergeben sich gerade durch die Verzinsung desjenigen Eigenkapitals, das rechnerisch vorzuhalten ist, um die möglichen Verluste aus dieser Captive aufzufangen. Wenn man möchte, kann man auch noch Arbeitskosten des Risikomanagements und der Schadensabwicklung im Kalkül berücksichtigen.

Bei diesem Vorgehen werden die Versicherungslösungen allerdings für sich alleine genommen und es wird beispielsweise berechnet, welche Art von Versicherungen notwendig und welche Selbstbehaltshöhen oder Deckungsgrenzen sinnvoll sind. Bei einem weitergehenden Ansatz werden die Konsequenzen von Versicherungen, und auch anderer Risikotransferinstrumente, wie beispielsweise Derivate, zur Absicherung von Wechselkursrisiken, in einem Gesamtunternehmensmodell berücksichtigt. Im Sinne einer „Was-wäre-wenn-Analyse" wird dabei ein Simulationsmodell, ein Risikoaggregationsmodell, in zwei Varianten durchgerechnet, nämlich einmal mit und einmal ohne eine zu untersuchende Versicherungslösung. Bei diesen Simulationsmodellen wird eine große repräsentative …

V: Ich weiß das in der Zwischenzeit. Klar. Wir leiten ab, wie sich der Eigenkapitalbedarf oder ein anderes Risikomaß durch die Versicherung verändert und können damit zeigen, welche Auswirkungen sich auch für unser Rating, die Kapitalkosten, den EVA oder auch den Unternehmenswert ergeben. Unsere Versicherungsleute können uns dann also zeigen, welchen Beitrag sie zur Verbesserung unserer Finanzierungsstruktur und zur Absicherung des Ratings leisten und welcher Wertbeitrag sich ergibt – und ich muss sie mir nicht nur als Kostenstelle vorstellen.

Aber wir bräuchten ein solches Simulationsmodell? Entweder nur für die versicherbaren Risiken oder eben das von Ihnen schon lange gewünschte Gesamtmodell, das dann offenbar nicht nur gemeinsame Grundlage für Risikomanagement, Controlling und Treasury ist, sondern auch nützliche Informationen für die Versicherungsabteilung liefert?

R: Genauso ist es. Wie Sie wissen, lässt sich dies relativ schnell und kostengünstig installieren.

V: Ja, ja, über das Thema können wir uns ein anderes Mal unterhalten. Ich würde jetzt lieber noch mit Ihnen über ein Thema sprechen, auf das mich unser Vorstandsvorsitzender bei der letzten Vorstandssitzung angesprochen hat.

R: Und das wäre?

V: Wie können wir eigentlich belegen, dass die Top-5-Unternehmensrisiken, die der Vorstand jedes Quartal im Risikobericht betrachtet, tatsächlich die Top-5-Risiken sind?

R: Leider können wir das gar nicht und ich habe sogar erhebliche Zweifel, ob wir tatsächlich unsere größten Risiken im Risikoinventar überhaupt erfasst haben.

V: Wie bitte? Das meinen Sie doch nicht im Ernst?

R: Ich glaube, dass ich möglicherweise im Risikomanagement über einige der kritischen zentralen Risiken überhaupt keine Informationen bekomme.

V: Wie kann das sein? Das wäre absolut indiskutabel! Sie müssen doch alle Risiken kennen.

R: Nun ja, die für viele Unternehmen wesentlichsten Risiken sind die sogenannte strategischen Risiken. Unter **strategischen Risiken** versteht man Unsicherheiten im Hinblick auf die zukünftige Entwicklung derjenigen Erfolgspotenziale, die für den zukünftigen Unternehmenserfolg maßgeblich sind. Konkret geht es hier insbesondere um die Bedrohung der wichtigsten **Erfolgspotenziale**. Wir sehen unser Unternehmen als Technologieführer und entsprechend sind unsere Forschungs- und Entwicklungskompetenzen in unseren Kerngeschäftsfeldern zentrale Erfolgspotenziale. Aber durch welche Einflussfaktoren ist diese Kompetenz wirklich bedroht? Haben wir ein Schlüsselpersonenrisiko? Entwickeln Wettbewerber neue Technologien, die unsere eigenen obsolet machen? Und welche besonderen strategischen Risiken ergeben sich aus der Unternehmensstrategie? Ich war noch bei keiner Diskussion der Strategie anwesend und kenne auch nur die ziemlich oberflächlichen Veröffentlichungen über die Strategie. Ich müsste bei den Strategiediskussionen eigentlich dabei sein.

V: Machen Sie sich nicht lächerlich. In den Strategierunden des Vorstands geht es um die wirklich wichtigen Zukunftsplanungen des Unternehmens. Sie finden im kleinsten Kreis statt und da haben Sie sicherlich nichts zu suchen.

R: Und genau deshalb kenne ich möglicherweise sehr relevante Risiken, die sich aus der Strategie ergeben, nicht. Wenn die Risiken damit schon nicht im Risikomanagementsystem überwacht und in unserem hoffentlich bald vorhandenen Risikoaggregationsmodell berücksichtigt werden können, gehe ich aber doch zumindest davon aus, dass bei der Diskussion strategischer Handlungsoptionen der Vorstands selbst die Risiken adäquat analysiert. Unterschiedliche Unternehmensstrategien zeichnen sich natürlich durch völlig unterschiedliche Risikoprofile aus.

V: Nun ja, ich denke, wir gehen die strategische Diskussion eher etwas globaler an. Und die Strategie selber ist sicherlich auch eher ein grober Rahmen.

R: Aber Sie haben ja sicherlich auch die wesentlichen Inhalte der **Strategie** festgelegt, auch wenn diese nicht veröffentlicht werden. Sie kennen die wesentlichen, von Wettbewerbern nicht imitierbaren **Kernkompetenzen**, und wie diese ausgebaut werden sollen? Sie haben entschieden, auf welchen Geschäftsfeldern, die grundsätzlich attraktive Marktbedingungen aufweisen, unser Unternehmen zukünftig tätig werden soll und mit welchen für den Kunden wahrnehmbaren **Wettbewerbsvorteilen** wir uns dort differenzieren? Sie haben sicher entschieden, wie unsere Wertschöpfungskette unter Berücksichtigung der Fähigkeiten grundsätzlich strukturiert werden soll? Und natürlich haben Sie die **Werttreiber**, also Umsatzwachstum, Rentabilitätssteigerung und Risikoreduzierung, priorisiert und

festgehalten, durch welche Maßnahmen die definierte Strategie umgesetzt wird?
Dann muss doch auch klar sein, auf welchen unsicheren Annahmen, z.B. im Hinblick auf die Zukunftsentwicklung, die Strategie basiert? Durch welche exogenen Einflüsse die zentralen Erfolgsfaktoren oder andere wesentlichen Aspekte der Strategieumsetzung bedroht sein können?[31]

V: Nun ja, implizit, … im Wesentlichen schon … wenngleich möglicherweise nicht so explizit ausformuliert und strukturiert … aber ich denke schon …

R: Die Verbindung von Risikomanagement und strategischem Management ist auch notwendig, da gerade strategische Risiken oft kaum durch übliche Instrumente des Risikomanagements bewältigt werden können. Strategische Risiken ergeben sich unmittelbar aus der Strategie und die Bewältigung strategischer Risiken erfordert deshalb oft die Veränderung der Strategie selbst.

V: Aber …

R: Betrachten Sie doch die in unserem letzten Geschäftsbericht vernachlässigten ökonomischen Währungsrisiken, also die Beeinträchtigung unserer preislichen Wettbewerbsfähigkeit bei Veränderung der Währungsrelation des Euros z.B. gegenüber dem US-Dollar. Diesem Risiko können wir nicht begegnen durch einen traditionellen Währungshedge. Ökonomischen Währungsrisiken kann man aber beispielsweise begegnen durch eine Produktpolitik, die zu einer deutlicheren Differenzierung gegenüber den Wettbewerbern führt, und entsprechend höhere Preissetzungsspielräume ermöglicht. Ebenso denkbar ist es, die Herstellkosten möglichst in der gleichen Währung anfallen zu lassen wie die Umsatzerlöse, beispielsweise durch den Ausbau unserer Produktionskapazität in den USA, einem unserer wichtigsten Absatzmärkte. Dies führt zu einem sogenannten natürlichen Hedging. Aber dies zeigt auch deutlich, dass eine Veränderung der strategischen Risikoposition einhergeht mit einer Veränderung der Strategie. Und gerade des-

---

31 Siehe zu den Inhalten einer Strategie z.B. *Gleißner* (2004).

halb halte ich es für sehr sinnvoll, wenn ich als Risikomanager auch an der Diskussion der Unternehmensstrategie teilnehme und …

V: So?

R: Sie wissen möglicherweise nicht, dass ich früher auch schon einmal eine Zeitlang als Strategieberater gearbeitet habe. Und ich denke, die Verbindung meiner Kompetenzen im Bereich Strategieentwicklung und Risikomanagement ist ideal, um im Rahmen der Strategiediskussionen im Vorstand zu helfen, über wesentliche Risiken strukturiert nachzudenken, die Ertragswirkungen von Strategien mit den Risiken, die hier eingegangen werden, abzuwägen und …

V: Noch einmal. Jetzt überschätzen Sie Ihre Position aber maßlos. Wir brauchen im Vorstand keine Hilfestellung, keinen Bedenkenträger und außerdem sind natürlich alle strategischen Überlegungen und auch unsere strategischen Risiken streng geheim.

R: Aber die meisten der mir vorliegenden Risikoinformationen sind doch auch geheim, und Geheimhaltung ist doch in meiner Position eine Selbstverständlichkeit.

V: Ja, aber im Vorstand geht es um die wirklich wesentlichen Themen. Gerade strategische Risiken, die die Bedrohung unseres Unternehmens wohl ausdrücken sollen, sind damit natürlich megageheim. Niemand darf sie kennen.

R: Das habe ich nun verstanden. Ich kann also wohl davon ausgehen, dass die strategischen Risiken unseres Unternehmens so geheim sind, dass überhaupt keine Person diese kennt … absolut niemand.

V: ??

Oktober 2008

V: Hallo Herr Riskheimer, Ihr Thema findet nun zunehmend Aufmerksamkeit im Vorstand. Offensichtlich müssen tatsächlich erst mal einige Risiken einschlagen, bevor man sich mit dem Thema befasst. Stichwort „Subprime-Krise“ und Insolvenz von Lehman Brothers …

R: Das ist traurig, aber wahr.

V: Ich muss hier auch meine Kollegen etwas in Schutz nehmen. Unser Unternehmen hat in den letzten fünf Jahren eine so erfolgreiche Entwicklung gehabt, dass schwer zu vermitteln ist, dass man sich mehr mit Risiken auseinandersetzen muss. Und auch ohne ein ausgefeiltes Risikomanagement war der Erfolg möglich.

R: Statistisch gesehen sagt der Erfolg von fünf Jahren nicht viel aus, insbesondere bedeutet Erfolg nicht, dass man besser wäre. Vielleicht hatten wir einfach nur Glück, und vorhandene Risiken sind einfach nicht eingetreten. Ökonomisch hatten wir ja auch weitgehend eine Schönwetterperiode und es hat sich niemand die Mühe gemacht, über die latenten und zunehmenden Risiken des makroökonomischen Umfelds nachzudenken. Jetzt stecken wir – und die Welt – in der Krise.

V: Nun aber … nicht so kritisch.

R: Menschen neigen nun einmal dazu, positive Entwicklungen ihren eigenen Entscheidungen zuzurechnen und negative Entwicklungen auf das böse Umfeld zu schieben. Die Psychologen reden hier von einem **Attributionsfehler**.

V: Wie dem auch sei, die Wirtschaftskrise und unsere bedauerlicherweise weiter zunehmenden Probleme in Russland zeigen nun, dass wir uns zukünftig noch intensiver als schon bisher mit dem Thema Risikomanagement befassen müssen. Und ich dachte schon, dass auch meine Vorstandskollegen dieses Thema nun mit mehr Interesse aufgreifen würden. Sie wissen, ich selber bin der oberste Verfechter des Risikomanagementsgedankens in unserem Untenehmen. Aber ich bin nun doch wieder bei meinen Kollegen auf einige Probleme gestoßen, die ich gerne mit Ihnen besprechen möchte.

R: Gerne.

V: Ich habe Ihre Ideen zum Ausbau von Controlling und Risikomanagement und wertorientierter Steuerung vorgestellt und ich denke, meine Kollegen haben dies sogar verstanden. Ich habe zunächst noch einmal als Wiederholung erläutert, wie unser Risikomanagement zur Zeit organisiert ist. Ich habe erklärt, dass wir alle sechs Monate unser **Risikoinventar** durch schriftliche Befragung der Topmanager aktualisieren. Ich habe erklärt, dass allen wesentlichen Risiken **Risikoverantwortliche**, unsere Riskowner, zugeordnet sind, die diese Risiken kontinuierlich überwachen. Und als plastisches Beispiel habe ich sogar gezeigt, wie eine derartige **Risikoüberwachung** stattfindet und unsere Risikoüberwachungsblätter gezeigt.

R: So viele Neuigkeiten …

V: Die Kollegen waren sehr zufrieden, dass für alle wesentlichen Risiken festgelegt ist, wer sich um dieses kümmert, welche Informationen wer in einem festgelegten Turnus auszuwerten hat und wie die Risikoinformationen in einem internen **Risikoreport** zusammengefasst werden. Blöd, dass makroökonomische Risiken und die Möglichkeit einer Subprime-Krise nicht erwähnt waren … naja, wird uns wohl auch nicht so treffen. Das ist ja hauptsächlich ein Problem der Amerikaner.
Jetzt wissen meine Vorstands-Kollegen zumindest, wie das Risikoinventar und die schönen Riskmaps zustande kommen. Und man war natürlich auch sehr zufrieden zu hören, dass unsere interne Revision ihrem Prüfungsauftrag entsprechend wieder einmal die Eignung unseres Risikomanagements bestätigt hat und wir auch erwarten, in diesem Bereich keine Schwierigkeiten mit dem Wirtschaftsprüfer zu bekommen.

Bei der Organisation von Risikomanagementsystemen muss geregelt werden, wie neue Risiken identifiziert und bereits bekannte Risiken kontinuierlich überwacht werden. Im Rahmen der Risikoüberwachung muss gewährleistet sein, dass für alle wesentlichen Risiken bekannt ist, wer diese in welchem Turnus und unter Zugrundelegung welcher Mindestinformationen zu überwachen hat. Zudem sind auch die Reportingwege zum Vorstand zu definieren.

R: Es ist natürlich erfreulich zu hören, dass die interne Revision mit der Organisation und Dokumentation unseres Risikomanagements zufrieden ist. Besonders in Anbetracht der Tatsache, dass unser Revisionsleiter selber vor einigen Jahren für den Aufbau des Risikomanagements verantwortlich war, mit dem ich mich heute herumzuschlagen habe.

V: OK, hier mag es etwas an Neutralität fehlen. Und genau deshalb haben Sie in der Zwischenzeit ja auch die Verantwortung für das Risikomanagement.

R: Aber bisher konnten wir nicht wirklich viel ändern. Meine Ideen zum Ausbau des Risikomanagements, die einen ökonomischen Mehrwert schaffen sollen, wurden doch bisher nicht umgesetzt.

V: Hier bin ich ja gerade beim Thema. Der Vorstand steht Ihren Überlegungen zur Verknüpfung von Risikomanagement mit anderen Managementsystemen sehr positiv gegenüber. Zu angemessener Zeit werden wir daher dieses Thema wieder auf die Agenda nehmen.
Etwas schwieriger erscheint es mir allerdings das Thema Risikoaggregationsmodell zu verkaufen. Gut, der Vorstand hat natürlich auch insgesamt akzeptiert, dass wir zukünftig den risikobedingten Eigenkapitalbedarf kennen sollten, um die Angemessenheit unserer Finanzierungsstruktur zu beurteilen. Es ist ja auch klar: nicht Einzelrisiko sondern die Kombination mehrerer Risiken ist problematisch. Und natürlich möchten wir auch in unserem nächsten Risikobericht betonen, dass wir derartige Risikoaggregationsmodelle haben. Allerdings ist momentan vorgesehen, die Risikoaggregation mit minimalem Aufwand zu erreichen. Der Aufbau eines eigenen Simulationsmodells, welches als Weiterentwicklung unseres Planungs- und Controllingsystems anzusehen ist, ist momentan nicht

vorgesehen. Momentan soll es reichen, ein- oder zweimal im Jahr mit der von Ihnen vorgeschlagenen Lösung einer zugekauften Standardsoftware eine Grobabschätzung der Risikoposition vorzunehmen. Das ist natürlich auch schon ein großer Fortschritt.

R: Sicher eine positive Entwicklung. Aber warum möchten wir nicht insgesamt unser Planungs- und Controllingsystem weiterentwickeln, um Planungssicherheiten anzuzeigen und die vielen anderen Vorteile zu nutzen?

Aus Controllingperspektive führt der Aufbau von Risikoaggregationsmodellen hin zu gemeinsamen „stochastischen Planungsmodellen“, die Transparenz schaffen über Planungssicherheit. Die Fähigkeit, Risiken zu quantifizieren und zu aggregieren, kann damit als eine Weiterentwicklung bestehender Controllingansätze aufgefasst werden, die es neben der Transparenz über Planungssicherheit insbesondere ermöglichen, erwartete Erträge und Risiken gegeneinander abzuwägen.

V: Da bin ich ja gerade bei dem Problem. Erstens gibt es Zweifel, dass die Qualität der heute verfügbaren Risikoinformationen ausreicht, um einen größeren Aufwand bei der Risikoaggregation zu rechtfertigen. Man möchte erst versuchen, eine bessere Datenqualität zu erreichen.

R: Dieses Argument hört man häufiger. Schlechte Datenqualität ist das beliebteste Argument, um einen Ausbau des Risikomanagements und insgesamt moderner Controlling- und Entscheidungstechniken in die Zukunft zu verschieben. Tatsächlich ist es jedoch ein Scheinargument. Es ist ja gerade die Aufgabe der Risikoanalyse, Transparenz zu schaffen über Planungssicherheit und den Umfang möglicher Planabweichungen. Eine schlechte Informations- und Datenqualität führt dazu, dass bestimmte Planungsprämissen nur in einer relativ großen Bandbreite bestimmbar sind. Schlechte Datenqualität ist damit maßgeblich mitverursachend für hohe Risiken. Es ist für eine Entscheidung zunächst fast irrelevant, ob etwas prinzipiell unsicher ist oder ob die Unsicherheit daher resultiert, dass mir wichtige Informationen fehlen. Genau dies sollte jedoch transparent dargestellt werden.

V: Zugegeben. Das ist ein gutes Argument.

R: Es gilt im Risikomanagement ein ganz simpler Grundsatz: Wir verwenden grundsätzlich die besten verfügbaren Informationen über ein Risiko. Auch eine schlechte Datenqualität rechtfertigt es nicht, mit schlechten Risikoquantifizierungs- oder Risikoaggregationsmethoden zu arbeiten oder bei Entscheidungen Risiken zu vernachlässigen.

V: Das ist natürlich selbstverständlich – die Kombination von schlechten Daten mit schlechten Methoden führt sicherlich nicht zu aussagefähigen Resultaten. Und wenn man extrem schlechte Daten hat, also kaum wirklich gut quantifizierbare Risiken, kann man diese ja immer noch zunächst zurückstellen. Quantifizieren wir erstmal, was gut quantifizierbar ist, oder?

R: Das sollte allerdings keinesfalls geschehen, wie Sie natürlich genau wissen. Es gibt nicht die Option, ein Risiko nicht zu quantifizieren. Wenn ich ein Risiko nicht quantifiziere, fließt es nicht in die weiteren Berechnungen, z.B. des Eigenkapitalbedarfs, ein und kann beim Abwägen erwarteter Erträge und Risiken im Rahmen von Entscheidungen nicht adäquat berücksichtigt werden. Implizit wird damit auf jeden Fall jedes Risiko quantifiziert. Ein scheinbar nicht quantifiziertes Risiko wird mit exakt „Null" quantifiziert, Null Eintrittswahrscheinlichkeit oder Null Schadenshöhe. Ich muss also jedes Risiko quantifizieren und sei es durch die subjektive Experteneinschätzung.

> Grundsätzlich sind sämtliche wesentliche Risiken basierend auf den besten verfügbaren (gegebenenfalls auch subjektiven) Informationen zu quantifizieren. Wird ein Risiko nicht quantifiziert, kann es nicht in weiterführenden Berechnungen, z.B. bei der Bestimmung des Eigenkapitalbedarfs, berücksichtigt werden. Eine Nichtquantifizierung von Risiken ist damit an sich nicht möglich, da nicht quantifizierte Risiken implizit mit „Null" quantifiziert werden (Null Schadenshöhe oder Null Eintrittswahrscheinlichkeit).

V: Aber genau da sind wir beim zweiten Problem. Ich habe auch schon immer gesagt, dass jedes Risiko von ökonomischer Bedeutung zu quantifizieren ist. Ich erinnere mich daran, dass dies auch so im IDW-Prüfungsstandard 340 steht. Und die ökonomische Rechtfertigung ist natürlich ebenso offensichtlich. Aber wie stellt man sicher, dass bei subjektiven Schätzungen eine möglichst gute Risikoeinschätzung erfolgt?

R: Ich hatte Ihnen hierzu schon einmal einige Vorschläge ausgearbeitet.
Man muss Begründungen für die Risikoeinschätzung anfordern, kann gegebenenfalls mehrere unabhängige Quellen nutzen und muss vor allen Dingen sicherstellen, dass die entsprechenden Personen ein Interesse daran haben, möglichst gute Risikoeinschätzungen abzugeben. Wer einen Risikoumfang benennt, muss dabei klar sehen, dass er sich damit auf einen bestimmten Umfang von Planabweichungen festgelegt, der z.B. mit 90%iger Sicherheit einzuhalten ist.

Risiko ist die Möglichkeit einer Planabweichung: keine Planabweichung ohne zugrundeliegendes Risiko.

Will man einen Anreiz setzen, dass Risiken von Mitarbeitern korrekt eingeschätzt werden, muss gewährleistet sein, dass die Mitarbeiter auch an den später eingetretenen Planabweichungen gemessen werden. Risiko ist die Möglichkeit einer Planabweichung. Wer keine Risiken hat, hat auch keine Rechtfertigung für Planabweichungen.

V: Ich erinnere mich. Aber das größere Problem besteht darin, dass momentan bei einigen meiner Vorstandskollegen ein gewisses Misstrauen gegenüber komplizierten Risikoquantifizierungsmodellen besteht. Es zeigt doch gerade die Entwicklung bei Banken, wie IKB oder Lehman Brothers, dass selbst deren Risikomodelle nicht funktionieren. Kann man da nicht argumentieren, auf Risikomodelle insgesamt zu verzichten?

R: Das ist, mit aller Deutlichkeit gesagt, Unsinn. Unstrittig ist, dass die Resultate von Risikoaggregationsmodellen oder simulationsbasierten Planungsmodellen zwingend notwendig sind. Unternehmen müssen zur Beurteilung der Bestandsbedrohung wissen, wie hoch der risikobedingte Eigenkapital- und Liquiditätsbedarf ist, um nur ein Beispiel zu nennen. Also stellt sich bei jeder Kritik an Modellen die Frage, welche Alternativen es gibt. Es gibt aber keine. Die menschliche Intuition ist nicht in der Lage, die hierfür erforderlichen Berechnungen im Kopf oder im Bauch anzustellen. Solche Kopfberechnungen sind zudem völlig intransparent, nicht diskutierbar und führen bei verschiedenen Personen zu völlig unterschiedlichen und letztlich nicht überprüfbaren Aussagen. Und die Fähigkeiten von Menschen, mit Risiken und Wahrscheinlichkeiten adäquat umzugehen, sind, wie bereits früher erwähnt, sehr beschränkt.

V: Gut, dann lassen sich also Risikomodelle nicht vermeiden, aber sie sind im Prinzip mit sehr viel Vorsicht zu betrachten.

R: Natürlich sind alle Modelle immer nur vereinfachte Abbildungen der Realität und immer kritisch im Hinblick auf die getroffenen Annahmen zu hinterfragen. Man sollte Modelle verstehen … zumindest einige der Anwender.
Aber die heute zu Recht geäußerte Kritik an Risikoquantifizierungsmodellen der Banken geht oft am Kern des Problems vorbei. Wir können nicht alleine, weil die speziellen Modelle der Banken versagt haben, daraus schließen, dass Risikomodelle grundsätzlich versagen. Wenn Modelle Schwächen haben, müssen sie weiterentwickelt werden. Auch wenn die ersten Fluggeräte der Gebrüder Wright sicherlich noch ziemlich fehleranfällig waren, wäre die Schlussfolgerung, auf Fluggeräte zukünftig einfach zu verzichten, offensichtlich nicht das Richtige. Es gilt aus Fehlern zu lernen und weiterzuentwickeln. Modelle basieren eben auf einer nachvollziehbar ausformulierten Theorie, was die Diskussion bestehender Schwächen erleichtert, und so eben Lernen und Weiterentwickeln überhaupt erst ermöglicht. Meines Erachtens gilt auch hier der alte Spruch: Nichts ist praktischer als eine gute Theorie.

V: Und was ist nun mit den Markt- und Kreditrisikomodellen der Banken?

R: Diese Modelle sind ein sehr schönes Lernbeispiel für das Risikomanagement. Die Modelle weisen schwerwiegende Schwächen auf, die ironischerweise seit langem bekannt waren. Da alle vergleichbare Modelle nutzen, war allerdings die Bereitschaft etwas zu ändern, ziemlich gering. Es war aber eigentlich nur eine Frage der Zeit, bis die modellimmanenten Schwächen zur Krise führen. Und nicht wenige Veröffentlichungen haben auf Schwächen von Kreditrisikomodellen oder Ratingverfahren bereits vor der aktuellen Krise hingewiesen.[32]

V: Und wo liegen nun die Schwächen? Was können wir daraus lernen für unsere eigenen Risikomodelle?

R: Um mathematisch einfache analytische Lösungen zu erhalten, wurde in den meisten Modellen der Banken angenommen, dass alle Risiken durch eine Normalverteilung bzw. einen **Random Walk** zu beschreiben sind. Das ist in grober Näherung für Kapitalmarktdaten auch durchaus akzeptabel, allerdings werden damit die Wahrscheinlichkeit und die Auswirkung von extremen Krisensituationen bzw. Crashs erheblich unterschätzt. Es ist seit langem bekannt, dass die Ränder der Verteilung, die sogenannten Tales, anders zu beschreiben sind. Man kann hier eine **Pareto-Verteilung** verwenden. Praktisch alle veröffentlichten empirischen Untersuchungen haben gezeigt, dass derartige Verteilungen nötig sind, um den tatsächlich vorhandenen Risikoumfang sinnvoller einzuschätzen.

V: Ist das auch für uns maßgeblich?

R: Solange man sich mit normalen risikobedingten Schwankungen auseinander setzt, also beispielsweise mit Ereignissen, die einmal alle 20 Jahre auftreten, reicht die Normalverteilung meist aus. Wer sein Unternehmen aber gegenüber Crash- und Krisenszenarien absichern möchte, deren Wahrscheinlichkeit beispielsweise nur 0,5 oder 0,1 % beträgt, muss eine Pareto-Verteilung oder ähnliches berücksichtigen

---

32 siehe z.B. *Taleb* (2008).

und sich auch mit Schadensszenarien auseinander setzen, die in einem Jahrhundert höchstens einmal auftreten. Beispielsweise also mit Szenarien wie der Weltwirtschaftskrise ab 1929.
Scheinbar haben manche Banken zwar versucht, ihr Unternehmen auf ein A-Rating auszurichten, also Insolvenzwahrscheinlichkeiten von höchstens 0,1 % zu akzeptieren, aber hier weder adäquate Verteilungen berücksichtigt noch einen sinnvollen historischen Zeitraum ausgewählt, um die Risiken korrekt einzuschätzen. Es hilft wenig, lediglich die letzten 20 Jahre wirtschaftlicher Schönwetterperioden zu betrachten und daraus Schlussfolgerungen auf Krisen und Extremszenarien abzuleiten. Wer sich gegenüber einem Jahrtausendereignis wappnen möchte, tut gut daran, wenigstens die schlimmsten Szenarien des letzten Jahrhunderts einmal etwas näher zu betrachten.
Neben Modellierungsfehlern ist es sicher auch wesentlich, dass das Denken in makroökonomischen und historischen Zusammenhängen im Risikomanagement scheinbar kaum verbreitet ist. Daten der jüngeren Vergangenheit wurden recht unreflektiert einfach in die Zukunft fortgeschrieben. Sich im makroökonomischen Umfeld aufbauende Risiken, wie die Überbewertung der amerikanischen Immobilienmärkte, wurden beispielsweise auch im Rating nicht adäquat berücksichtigt.

V: Gibt es noch weitere Beispiele?

R: Viele. Ich möchte nur auf einen wesentlichen Aspekt noch hinweisen. Auch wurden in den Modellen die sogenannten **Metarisiken** vernachlässigt, also das Risiko, ein Risiko falsch einzuschätzen. Beispielsweise wird fast durchgängig angenommen, dass die Modellparameter, die natürlich aus nur endlich vielen historischen Daten abgeleitet werden, sicher richtig und bekannt sind. So wird beispielsweise in Kapitalmarktrisikomodellen oft davon ausgegangen, dass die **Volatilität** der Aktienrenditen bekannt ist, ebenso die zukünftig erwartete Rendite von Assets. Tatsächlich gibt es aber auch für diese Modellparameter nur Schätzer. Diese Parameter lassen sich also nur in einer Bandbreite bestimmen und sind damit selbst risikobehaftet. Wenn man die Unsicherheit der Modellparameter vernachlässigt, unterschätzt man den Gesamtrisikoumfang. Man geht von einer fiktiv sicher bekannten Welt aus. Und gerade das möchte Risikomanagement eigentlich nicht. Die zentrale Idee des Risikomanagements besteht ja gerade darin, sich über den tatsächlichen Grad an Unsicherheit Transparenz zu verschaffen, um diese Erkenntnisse bei den eigenen Entscheidungen adäquat zu berücksichtigen.

V: Sehr interessant.

R: Es gibt zu diesem Thema und den Hintergründen der Wirtschafts- und Finanzkrise eine ganze Reihe interessanter Veröffentlichungen.[33] Auch sehr lesenswert ist die schon vor der Krise erschienene Veröffentlichung „The Black Swan“ von *Taleb*. Dieser setzt sich sehr kritisch mit dem Risikomanagement auseinander.
Er verweist auf die herausragende Bedeutung sehr seltener und nahezu unvorhersehbarer Einzelereignisse für die Entwicklung der Gesellschaft und insbesondere auch der Wissenschaft. Derartige außergewöhnliche Einzelereignisse, die er „Schwarzer Schwan“, Black Swan, nennt, sind „Ausreißer“, die außerhalb des üblichen Bereichs der Erwartung liegt, da in der Vergangenheit nichts Vergleichbares geschehen ist. Neben Seltenheit sind derartige Ereignisse durch die sehr massiven Auswirkungen charakterisiert und die ex ante Unvorhersehbarkeit aber Erklärbarkeit im Rückblick. Extreme Ereignisse sind oft das Resultat – nicht skalierbarer – Verstärkungseffekte, wie sie sich gerade bei vielen ökonomischen Phänomenen zeigen. So wirken sich kleine, zufällige Abweichungen bei Einkommen und Vermögen im Zeitverlauf in einer extremen Ungleichverteilung des Vermögens aus, und Zufallserfolge, beispielsweise von Schriftstellern oder Schauspielern, führen zu einer Bekanntheit, die erhebliche Vorteile bei zukünftigen Aktivitäten mit sich bringt, und so Ungleichheit fördert.

V: Und was bedeutet das nun?

R: Das Phänomen der Schwarzen Schwäne ist also eng verbunden mit dem grundlegenden philosophischen Problem der Induktion, also dem Fortschreiben von endlichen Vergangenheitsdaten in die Zukunft. Es besteht immer das Problem, dass möglicherweise sehr relevante, extreme, aber seltene Ereignisse im betrachteten

---

33 z.B. *Gleißner / Romeike* (2008) und *Gleißner* (2009a).

Vergangenheitszeitraum nie eingetreten sind. Wären diese Ereignisse eingetreten, hätten sie auf Grund ihrer außerordentlichen Höhe jedoch erhebliche Auswirkungen z.B. auf die Schätzung der Erwartungswerte aber auch des Risikos, z.B. der Standardabweichung, der betrachteten Größe.[34,35]

Wenn ein mögliches Extremereignis infolge eines Risikos in der betrachteten Historie zufällig noch nicht eingetreten ist, also ein außergewöhnlich hoher Schaden nicht stattgefunden hat, führt es offenkundig zu einer positiven Verzerrung des Erwartungswerts und einer Unterschätzung des Risikos.

Die mangelnde Realitätsnähe in Verbindung mit der ausgeprägten Tendenz, gerade die Unsicherheiten und Unvollkommenheiten der Modelle selbst zu ignorieren, wird nach *Talebs* Einschätzung besonders deutlich am Zusammenbruch des Hedge Fonds LTCM, an dem *Robert Merton* und *Myron Scholes*, Ökonomie-Nobelpreisträger, als Gründer beteiligt waren. Die Unterschätzung der tatsächlich vorhandenen Risiken im Vergleich zu der in den von diesen Wissenschaftlern in ihren Modellen berücksichtigten Normalverteilungshypothese hatte hier unmittelbare Konsequenzen: Den Kollaps der Fonds.

Klarstellend möchte ich erwähnen, dass auch Extremereignisse unter Umständen statistisch in gewissem Rahmen vorhersehbar sind – und damit keine Schwarzen Schwäne darstellen. Aber auch bei der Vorhersage solcher „grauen Schwäne“, mit denen sich beispielsweise die statistische Extremwerttheorie befasst, sind völlig andere Verfahren erforderlich als die Statistik auf Basis der Normalverteilungshypothese.[36] Eingesetzt werden hier beispielsweise Paretoverteilung und andere Instrumente der Extremwerttheorie.

V: Konsequenz für die Praxis?

---

34 *Taleb* (2008).

35 Zur kritischen Betrachtung der Ökonometrie vor dem Hintergrund Schwarzer Schwäne, aber auch von Methoden wie GARCH, siehe *Taleb* (2008), S. 194–195.

36 Siehe *Mandelbrot* (1963) sowie *Zeder* (2007).

R: Eine praktische Konsequenz kann sein, in Anbetracht der Unvorhersehbarkeit der Zukunft auf der einen Seite eine robuste Absicherung gegenüber einer breiten Klasse möglicher im Detail nicht vorhersehbarer Extremereignisse vorzunehmen und auf der anderen Seite durch vielfältige Optionen sich möglichst viel Chancen zu lassen, außerordentliche positive Ergebnisse zu finden und an ihnen zu partizipieren. *Taleb* beispielsweise sieht den wesentlichen Vorteil der USA darin, dass sie gerade ein Trial-and-Error-Verhalten und Innovation fördern, was die Wahrscheinlichkeit erhöht, positive Extremereignisse zu nutzen.

V: Ich habe auch das Gefühl, dass speziell im Kapitalanlage- und Fondsbereich erhebliche Schwächen zutage getreten sind. Wenn ich mir das angeblich nach der nobelpreisgekrönten Markowitz-Methode optimierte Portfolio ansehe, das meine Bank für mich entwickelt hat, wird mir schlecht. Wo war denn seit dem Lehman-Kollaps meine Risikodiversifikation? Hat gefehlt!

> Auch das Risiko, ein Risiko falsch zu quantifizieren, ist ein Risiko, das im Rahmen von Risikoquantifizierungsmodellen zu berücksichtigen ist („Metarisiken", speziell Parameterunsicherheiten).

R: Ja, auch dies ist ein schönes Beispiel dafür, dass Modelle an sich wichtig sind, aber man sich den zentralen Annahmen und Grenzen der Modelle bewusst sein muss. Auch im Falle der Markowitz-Portfoliomodelle ist an sich seit Jahrzehnten bekannt, dass diese zwar in einer Modellwelt optimal sind, aber diese Modellwelt wenig zu tun hat mit der Realität. Ohne das Thema unnötig strapazieren zu wollen, möchte ich nur darauf verweisen, dass die Markowitz-Welt auch ausgeht von sicher bekannten Modellparametern und lediglich das gemütliche Risiko des Random Walks der Renditen berücksichtigt. Auch ist zweifelhaft, ob die Volatilität in der Realität ein adäquates Risikomaß darstellt, da die meisten Menschen eher Risiko als möglichen Verlust wahrnehmen, also technisch gesprochen über Downside-Risikomaße nachdenken.

V: Also weniger ein Theorie- denn ein Umsetzungsproblem der Praxis?

R: Ja! Für die Bankenrisikomodelle und den Markowitz-Ansatz gilt gemeinsam: Wir haben durch die jetzige Finanzkrise eigentlich keine wirklich neuen Erkenntnisse gewonnen. Die Modellschwächen waren im Vorhinein im Wesentlichen längst bekannt und es war nur eine Frage der Zeit, bis sie wirksam werden. Die Finanz- und Wirtschaftskrise ist also weniger ein Ereignis, das unbekannte Schwächen zutage treten lässt, sondern ein Anstoß, sich mit den bekannten Problemen zu befassen.

V: Ich werde versuchen, diese Überlegungen meinen Vorstandskollegen noch etwas näher zu bringen. Es ist natürlich eigentlich völlig klar, dass wir realitätsnahe Modelle brauchen und auch regelmäßig über die Angemessenheit der Annahmen nachdenken müssen. Aber geht Ihre Kritik an Banken, Versicherungen, Fondsmanagement und Unternehmen nicht etwas zu weit? Sie erwecken ja den Eindruck, dass sich auch die sogenannten Experten kaum damit befasst haben, dass das, was man an sich schon über Risiko und Risikomanagement weiß, in der Praxis umgesetzt wird. Es kann doch nicht sein, dass wir hier noch so eklatante Schwächen überall in den Unternehmen und selbst in den Banken und Versicherungen haben?

R: Doch!

Februar 2009

V: Wenn ich Sie das nächste Mal rufen lasse, trödeln Sie bitte nicht so herum.

R: Aber ich habe doch nur 15 Minuten gebraucht?!

V: Aber hier brennt die Hütte. Nachdem in Europa und in den USA durch die Wirtschafts- und Finanzkrise Auftragseingang und Umsatz um 50 bzw. 30 % eingebrochen sind, nun auch das Desaster in Russland. Ich habe gerade heute morgen die neuen Zahlen bekommen. Von wegen langsame Wirtschaftserholung in Russland. Unser fertiges Werk I liegt im vierten Quartal 2008 um mehr als 50 % unter den Umsatzprognosen. Und um Werk II fertigzustellen, wird das schon zweimal nach oben korrigierte Investitionsvolumen noch mal um mehrere 100 Mio. überschritten. Sie sind doch für die Risiken unseres Unternehmens verantwortlich! Was soll ich denn nun nächste Woche auf der Analystenkonferenz erzählen? Soll ich hoffen, dass die wegen der Wirtschaftskrise nicht an unsere hausgemachten Probleme denken?

R: Nun, es lässt sich wohl kaum übersehen, dass unsere Risikoeinschätzungen nicht adäquat waren. Und die Planwerte waren verzerrt, was ich schon letzten Sommer erwähnt habe. Mehr Gefahren als Chancen!

V: Jetzt seien Sie doch nicht so destruktiv. Wir können doch zumindest darauf verweisen, dass wir, wie auch alle anderen Unternehmen, von dem Wirtschaftseinbruch völlig überrascht waren. Wer hätte diese Krise vorhersehen können?

R: Nun ja, das erklärt aber nicht die Überschreitungen von Kosten und Investitionsbudgets. Hier wurde, wie wir bereits mehrfach diskutiert haben, einfach keine adäquate Risikoquantifizierung vorgenommen und es wurden Planwerte verwendet, bei denen Chancen und Gefahren nicht korrekt, das heißt, erwartungstreu, berücksichtigt wurden. Aus meiner Sicht hätte man mit damaligem Informationsstand bei Abwägen von Ertrag und Risiko die Werke in der Dimension und mit so hohen Risiken nicht bauen dürfen. Sie kennen ja meine diesbezüglichen Analysen, die leider etwas spät erstellt wurden, nämlich erst nach der Entscheidung.

V: Schön und gut. Wir müssen aber jetzt etwas unternehmen. Wir müssen die Kosten drücken. Sie kennen sicherlich den Vorschlag, den unser Produktionsvorstand hat erarbeiten lassen.

R: Oberflächlich, aber für eine detaillierte Risikoanalyse war offenbar wieder keine Zeit und auch ich wurde nicht hinzugezogen. An einigen Punkten habe ich aber ein sehr schlechtes Gefühl. Ihr Vorstandskollege will offenbar unbedingt seinen schon korrigierten Zielwert des Investitionsvolumens nun möglichst einhalten.

V: Na klar.

R: So klar ist das Ziel nicht: Wahrscheinlichkeit der Zielerreichung? Und die Maßnahmen erscheinen doch seltsam. Anstelle mehrerer Zulieferer, die notfalls gegeneinander ausgetauscht werden können, sollen wir uns zur Kostenreduzierung bei wichtigen Komponenten auf einen konzentrieren. In der Hoffnung auf Währungsgewinne in den nächsten Monaten, sollen bestehende Wechselkursabsicherungen aufgelöst werden. Auch Versicherungskosten sollen gespart werden, was letztlich eine Reduzierung des Versicherungsschutzes bedeutet usw. usw …
In der Quintessenz bedeutet der Plan Folgendes: Mit allen möglichen Maßnahmen soll wenigstens eine kleine Wahrscheinlichkeit erreicht werden, das ursprünglich kommunizierte Ertragsziel doch noch zu erreichen. In der Konsequenz steigen aber die Risiken massiv an, insbesondere entstehen Gefahren, infolge derer auch eine noch erheblich größere Ausweitung der Planabweichungen und Verluste denkbar erscheinen.

V: Man versucht eben kommunizierte Ziele zu erreichen.

R: In einer Situation, in der ein Projekt sowieso schon in Schieflage ist und sogar die Gesamtrisikotragfähigkeit des Unternehmens konjunkturbedingt geschwächt ist, soll dafür der Risikoumfang massiv erhöht werden? Ohne auch nur nachzurechnen, wie stark unser Eigenkapitalbedarf durch die Maßnahmen ansteigt? Wir haben dann zwar möglicherweise eine etwas höhere Wahrscheinlichkeit, die kommunizierten Ziele zu erreichen. Aber unter Abwägen von Chancen und Gefahren ergibt sich im Mittel, soweit ich die Zahlen sehe, keine Verbesserung des erwarteten Ergebnisses. Und der Umfang möglicher Verluste, die Downside-Risiken, und damit der Eigenkapitalbedarf, steigen an. Aus meiner Sicht betreiben wir hier Risikoeskalation.

V: Das habe ich mir auch gedacht!

R: Die Kollegen in der Produktionsabteilung verhalten sich genau so, wie es die psychologische Forschung vorhersagt. Sie haben möglicherweise auch schon gehört von der Prospect-Theorie der Psychologen *Tversky* und *Kahneman*, deren Forschung einen Ökonomie-Nobelpreis erhalten hat. Ihre aus dem empirisch ermittelten Verhalten von Menschen abgeleitete Theorie zeigt, dass sich viele Menschen im Umgang mit Risiken völlig anders verhalten als die rationale Theorie es vorhersagt. Insbesondere neigen Menschen dazu, den Risikoumfang massiv zu erhöhen, wenn man sich in einer sogenannten Verlustsituation wähnt, also unterhalb des Ziel- oder Referenzwerts. Die Konsequenz innerhalb von Unternehmen ist, dass bei einem befürchteten Verfehlen des Ziels der Risikoumfang massiv erhöht wird. Und gerade das sehen wir hier. Das hat allerdings nichts mit einer rationalen Unternehmensführung zu tun.

V: Sie halten wohl nicht viel von Intuition und Bauchgefühl?

R: Das kann man so nicht sagen. Bei allen betriebswirtschaftlichen Entscheidungen, auch im Risikomanagement, sind wir auf Experten angewiesen und auch das Bauchgefühl kann sehr wichtig sein, um eine Entscheidung noch einmal kritisch zu hinterfragen. Insbesondere also herauszufinden, wo möglicherweise aus Rechenverfahren oder unrealistischen Annahmen der Modelle Probleme entstanden sind. Wenn das Bauchgefühl eines erfahrenen Experten zu einem deutlich anderen Resultat kommt als ein Rechenverfahren oder ein betriebswirtschaftliches Verfahren, sollte man dies nicht ignorieren. Da aber letztlich die Ergebnisse immer von den Annahmen abhängen, muss man in einem derartigen Fall mit dem Experten die getroffenen Annahmen kritisch diskutieren. Auf diese Weise ist es natürlich sehr wohl möglich, eine Verbesserung zu erreichen. Quasi eine Doppelabsicherung
Allerdings zeigt sich, dass allzu häufig auch Bauchgefühl und Intuition bei komplexen Entscheidungssituationen danebenliegen. Und gerade die psychologische Forschung zeigt sehr deutlich, dass die intuitiven Fähigkeiten von Menschen im Umgang mit Wahrscheinlichkeiten und Risiken sehr schlecht entwickelt sind.

V: Aber wir sind uns doch schon seit langem einig, dass praktisch alle Entscheidungen von Menschen, speziell auch die Entscheidungen im Unternehmen, in Anbetracht der Unvorhersehbarkeit der Zukunft Entscheidungen unter Risiko sind?

R: Und genau da ist der Kern des Problems. Die psychologische Forschung zeichnet hier kein besonders tolles Bild der menschlichen Fähigkeiten und verweist darauf, dass evolutorisch bedingt die heute geforderten Fähigkeiten im Umgang mit Wahrscheinlichkeiten in einer komplexen Welt in der Vergangenheit nicht erforderlich waren.

Die Menschen schätzen beispielsweise Wahrscheinlichkeiten völlig falsch ein. Die Wahrscheinlichkeitseinschätzung hängt von der Darstellung des Problems, von der persönlichen Betroffenheit und der plastischen Vorstellbarkeit ab.[37] Gemäß der sogenannten **Repräsentativitätsheuristik** werden Ereignisse beispielsweise als wahrscheinlicher angesehen, wenn sie für einen Sachverhalt als typisch erscheinen. Die **Verfügbarkeitsheuristik** zeigt, dass Ereignisse als wahrscheinlicher eingeschätzt werden, wenn man sich diese einfacher und bildlicher vorstellen kann.

So wird beispielsweise das leicht vorstellbare Risiko eines Werksbrands völlig überschätzt in Relation zu einem abstrakten Risiko, wie den Anstieg von Marktrisikoprämien oder Zinsspreads. Aber gerade die jüngste Krise zeigt, dass ein Anstieg von Zinsspreads und die Illiquidität des Interbankengeldmarkts im wahrsten Sinne des Wortes Billionen vernichten kann. Makroökonomische Risiken sind abstrakt und werden entsprechend nicht adäquat berücksichtigt.

Und auch im Rechnen mit Risiken sind die Fähigkeiten des Menschen schwach ausgeprägt. Kein Mensch kann Risiken, die möglicherweise durch unterschiedliche Wahrscheinlichkeitsverteilungen beschrieben werden, sinnvoll im Kontext der Unternehmensplanung aggregieren, wie dies computergestützte Simulationsmodelle beherrschen. Schon einfache Grundprinzipien der Verknüpfung von Risiken oder Wahrscheinlichkeiten werden verletzt. Im Kopf kann offensichtlich kaum ein Mensch richtig die sogenannten **Bayes-Regel** anwenden, die zeigt, wie voneinander abhängige Risiken, also bedingte Wahrscheinlichkeiten, mit einander zu verknüpfen sind.[38]

---

[37] Vgl. *Gleißner, W.* (2004), Der Faktor Mensch, in: Zeitschrift für Versicherungswesen, S. 285ff.

[38] Siehe *Beck-Bornholt / Dubben* (2007).

> Die psychologische Forschung zeigt, dass Menschen Risiken deutlich verzerrt wahrnehmen und beim Entscheiden unter Berücksichtigung von Risiken systematische Fehler begehen. Menschen handeln beispielsweise oft in wahrgenommenen „Verlustsituationen" risikofreudig und in wahrgenommenen „Gewinnsituationen" risikoavers.

V: Das hört sich ja alles schrecklich an. Ich würde hierzu gerne noch etwas mehr Literatur zu lesen. Offensichtlich sind gerade im Umgang mit Unsicherheiten und Risiken die menschlichen Entscheidungsfähigkeiten begrenzt.

R: Und zwar sehr begrenzt. Und Entscheidungen in Gruppen und Gremien sind oft sogar noch schlechter als Einzelentscheidungen, weil Konsens angestrebt wird, kritische Anmerkungen als störend empfunden werden und mehr Risiko akzeptiert wird. Wenn's schief geht, sind ja alle schuld.

V: Ich würde hier gerne widersprechen. Aber wenn ich mir die eine oder andere Sitzung, die ich erlebt habe, ins Gedächtnis rufe …

R: Und schon an sich ganz einfache Wahrscheinlichkeitsaussagen werden von Menschen völlig missverstanden. Wenn beispielsweise im Qualitätsmanagement ein Testverfahren für Produkte angewandt wird, das mit einer Wahrscheinlichkeit von 98 % korrekt arbeitet[39], schließen daraus die meisten Menschen etwas völlig Falsches. Sie folgern, dass ein Produkt, das der Test als schadhaft klassifiziert hat, mit 98%iger Wahrscheinlichkeit schadhaft ist.

V: Klar! Das haben Sie doch gerade eben auch gesagt.

---

[39] Also 98 % der tatsächlich fehlerhaften Teile als solche identifiziert und umgekehrt 98 % der tatsächlich fehlerfreien Teile als solche anzeigt.

R: Das stimmt nicht. Ich erkläre Ihnen den Sachverhalt einmal etwas genauer, wenn Sie gestatten. Betrachtet wird ein Produkttest in unserer Qualitätssicherung:
Basierend auf einem Testergebnis wird auf einen Schaden, nennen wir ihn Ereignis A, geschlossen. Nehmen wir an, der Test ist mit 95%iger Sicherheit korrekt. Kann man nun aus einem positiven Testergebnis, Ereignis B, fast sicher auf einen schadhaftes Produkt schließen? Von einer 95%igen Sicherheit ausgegangen ist das Produkt tatsächlich schadhaft, das heißt, P(B | A)= 95 %. Dies ist jedoch nicht der Fall, denn es darf die A-priori-Wahrscheinlichkeit nicht vernachlässigt werden, also die Wahrscheinlichkeit, dass eines der Produkte tatsächlich schadhaft ist. Geht man von einem seltenen Schaden aus, der von 100.000 Produkten nur eines trifft, so liegt die A-priori-Wahrscheinlichkeit, P(A), bei 0,01 %. Werden diese Werte in das Bayes-Theorem eingesetzt, erhält man folgende A-posteriori-Wahrscheinlichkeit, dass bei einem positiven Testergebnis wirklich ein Schaden vorliegt. Ich zeige es Ihnen am Flipchart:

$$P(A \mid B) = \frac{0{,}95 \cdot 0{,}0001}{0{,}95 \cdot 0{,}0001 + 0{,}05 \cdot 0{,}999} = 0{,}0019 = 0{,}19\%$$

Wie die Rechnung beweist, liegt die Wahrscheinlichkeit eines Schadens bei positivem Befund bei 0,19 % und nicht wie oft intuitiv angenommen bei 95 %. Das positive Testergebnis sagt fast nichts aus.
Mit Hilfe der Bayes-Formel wird also eine geschätzte Eintrittswahrscheinlichkeit eines Ereignisses modifiziert in Abhängigkeit des Vorliegens zusätzlicher Indizien wie Erfahrungen und Forschungsergebnisse. Sie ist von zentraler Bedeutung für die Schätzung von Wahrscheinlichkeiten im Rahmen des Risikomanagements – speziell für das Lernen aus Erfahrungen.

V: Gut, gut! Das ist alles sehr interessant. Aber wir müssen jetzt doch zum eigentlichen Thema zurückkommen. Wie gesagt: Wir sind nun wirklich in stürmischer See.[40]

---

[40] Siehe *Erben / Romeike* (2003).

Zurück also zu unseren Planabweichungen. Zurück zu unserem Russlandproblem und der Krise. Wir können keine weitere Planüberschreitung akzeptieren und kommunizieren, ohne das Vertrauen bei den Aktionären zu verlieren. Aber wir sollten nach Ihrer Einschätzung auch nicht das jetzt vorgeschlagene Maßnahmenpaket umsetzen?

R: Genau. Was halten Sie davon, den Bau von Werk Zwei einfach zu stoppen – zumindest für dieses Jahr. Ein späterer Weiterbau ist aus meiner Einschätzung mit überschaubaren Mehrkosten immer noch denkbar.

V: Sie sind wohl verrückt, die beiden Werke in Russland sind von uns als wesentlicher Baustein unserer Zukunftsstrategie vorgestellt worden und haben höchste strategische Bedeutung.

R: Aber wir haben doch nun eine Situation, dass auf absehbare Zeit nicht einmal Werk Eins ausgelastet ist. Und sollten wir tatsächlich die nun angesprochenen Zusatzkosten für Werk Zwei einsetzen müssen, stellt sich die Frage, ob dieses Werk jemals wirklich rentabel arbeiten kann. Und die Krise bedroht unser Rating. Leider wurde bei der Projektplanung ja nie eine Ratingprognose für ein **Stress-Szenario** erstellt. Sonst wäre mit diesem Krisenfrühwarnindikator leicht zu sehen gewesen, dass ein Nachfrageeinbruch in Verbindung mit Problemen in Russland unser **Rating** massiv bedroht. Vielleicht müsste man das gesamte Konzept noch einmal überdenken und gegebenenfalls modifizieren.

V: Aber wir haben doch schon viele 100 Mio. investiert. Ganz egal was nun passiert, wir können von dieser Entscheidung nicht mehr zurück.

R: Entschuldigung, wenn ich dies so ausdrücke: Ich glaube, wir haben es hier mit einem sogenannten **Sunk-Cost-Effekt** zu tun. Die psychologische Forschung zeigt nämlich auch, dass Menschen dazu neigen, auch inzwischen aussichtslose Aktivitäten oder Investitionen fortzuführen, wenn sie bereits Zeit, Energie oder Geld für diese eingesetzt haben. Theoretisch ist es aber für die Entscheidung, beispielsweise eine Investition fortzusetzen, nur maßgeblich, welche Zusatzkosten zukünftig noch anfallen und welche Erträge diesen entgegen stehen. Die nicht wiedergewinnbaren Investitionen der Vergangenheit, die Sunk-Costs, sind für derartige betriebswirtschaftliche Entscheidungen theoretisch völlig irrelevant …

V: Aber eben nur theoretisch. Wir werden das Werk wie kommuniziert fertig stellen, koste es, was es wolle.

R: Um ganz offen zu sprechen, wäre ich hier lieber vorsichtiger. Sollten sich unsere Probleme in Russland ausweiten und der konjunkturelle Nachfrageeinbruch längere Zeit anhalten, könnten wir durchaus in eine gefährliche Situation für den gesamten Konzern kommen. Ich befürchte, dass in der jetzigen Krisensituation darüber hinaus auch noch mit weiteren Forderungsausfällen zu rechnen ist. Denken Sie an die 30 Mio. Forderungsausfälle vom Januar durch die Insolvenz der Junk and Crisis AG.[41]

V: Ja, ja, Sie brauchen mich nicht an jedes Problem und Risiko erinnern. Aber Sie sollten den Teufel auch nicht an die Wand malen. Wir brauchen auch etwas Optimismus. Es ist natürlich äußerst unangenehm, wenn wir unseren Aktionären von schweren negativen Planabweichungen berichten müssen. Aber wir reden doch nicht von einer ernstzunehmenden Krise oder einer Bedrohung des Unternehmens. Das sehe ich auch ohne Ihre Risikoaggregationsmodelle. Die Ratingagenturen Standard & Poor's und Moody's haben uns erst im letzten Jahr ein BBB-Rating gegeben und das heißt ja wohl, dass wir krisenfest sind. Insolvenzwahrscheinlichkeit 0,3 % oder so? Was wollen Sie denn mehr?

R: Ehrlich gesagt, sagt die **Ratingnote** von Agenturen oder auch Banken viel weniger über die Unternehmensrisiken, als man gemeinhin glaubt.

V: Ich habe natürlich auch von der Kritik an den Ratingagenturen gelesen …

R: Die Kritik ist berechtigt. Unsere tatsächliche Insolvenzwahrscheinlichkeit ist sicher viel höher, als sie durch unser Rating aus-

---

[41] Vgl. *Gleißner* (2000a).

gedrückt wird. Man muss sich dabei einmal vergegenwärtigen, wie Ratings entstehen. Bei allem Tamtam mit Softfaktoren und Ähnlichem muss man sich darüber im Klaren sein, dass die Ratingnoten hauptsächlich bestimmt werden durch **Finanzkennzahlen**[42], die aus dem letzten Jahresabschluss abgeleitet werden. Obwohl es natürlich gerade die Auswirkungen von Risiken sind, die Insolvenzen auslösen können, spielen diese im Rating keine zentrale Rolle und wenn von Geschäfts- oder Finanzrisiko gesprochen wird, verbirgt sich dahinter im Wesentlichen eine Einschätzung von Wettbewerbsposition, Ertragskraft oder finanzieller Stabilität.
In den Finanzkennzahlen sieht man implizit nur genau diejenigen Risiken, die zufälligerweise im letzten Geschäftsjahr wirksam geworden sind und entsprechend den Jahresabschluss beeinflusst haben. Die interessanten zukünftig möglichen Risiken werden kaum betrachtet, auch weil beispielsweise Kreditinstitute bisher nur selten über simulationsbasierte Ratingprognosesysteme verfügen, wie ich sie Ihnen vor einiger Zeit bereits einmal erläutert habe. Man kann also etwas vereinfacht sagen, dass bei der Erstellung von Ratingnoten unterstellt wird, dass die in der Vergangenheit wirksam gewordenen Risiken in dieser Form auch in der Zukunft wirksam bleiben. Zusätzlich wird angenommen, dass sich die Struktur des Unternehmens und natürlich auch seine Risikoposition im Zeitverlauf nicht geändert hat.

V: Und das heißt für uns?

R: Sind wir doch einmal ehrlich. Wir haben den Ratingagenturen doch gar nicht über alle Risiken, denen unser Unternehmen tat-

---

42 z.B. wird die EBIT-Marge, auch Operative Marge, Betriebsmarge oder Operative Gewinnspanne, berechnet, indem das Betriebsergebnis EBIT (Earnings before Interest and Taxes) ins Verhältnis zum Umsatz gesetzt wird.

Eigenkapitalquote (EKQ): Das Verhältnis von Eigenkapital zu Gesamtkapital (Bilanzsumme).

Gesamtkapitalrentabilität (GKR): Die Gesamtkapitalrentabilität (engl. Return on Capital Employed (ROCE)) wird definiert als EBIT, bezogen auf das durchschnittliche investierte Kapital (Gesamtkapital, etwa Bilanzsumme).

sächlich ausgesetzt ist, berichtet. Über viele der Risiken wussten wir, wie wir in der Zwischenzeit gesehen haben, ja selber nicht einmal Bescheid. In dem im letzten Jahr erstellten Rating von BBB ist die gesamte Wirtschafts- und Finanzkrise nicht erfasst, weil die Ratingagenturen makroökonomische Risiken der Zukunft auch nicht adäquat berücksichtigt haben. Die in unserem Unternehmen vorhandenen besonderen Risiken, die in den letzten Monaten geradezu eskaliert sind, man denke eben an Russland, sind überhaupt nicht erfasst. Wenn wir heute eine **Ratingprognose** erstellen würden, käme sicherlich ein völlig anderes Bild heraus. Um den Krisenstatus eines Unternehmens zu bestimmen, ist es erforderlich, eine simulationsbasierte Ratingprognose zu erstellen, die anzeigt, in welcher Bandbreite sich das Rating zukünftig bewegen wird. Nur so kann man sehen, ob das Rating eines Unternehmens in einen so kritischen Bereich fallen könnte, dass die Finanzierung nicht mehr gewährleistet ist.
In unserem speziellen Fall wäre es hier auch wichtig zu überprüfen, ob die mit einigen unserer Gläubigern vereinbarten **Covenants**, also die Kreditvereinbarungen, verletzt werden können. Sie wissen, dass einige unserer Gläubiger sogar ein Kreditkündigungsrecht haben, wenn unsere **Zinsdeckungsquote** einen kritischen Wert erreicht. In der jetzigen Krisensituation würde uns dies garantiert in eine existenzbedrohende Krise führen. Auch das **Refinanzierungsrisiko**, wenn unsere größte Anleihe in zwei Jahren ausläuft, ist nun kritisch.[43]

V: Wie groß ist denn nun die Wahrscheinlichkeit, dass wir in diesem Geschäftsjahr unseren **Investmentgrade** verlieren? Und wie groß ist die Wahrscheinlichkeit, dass unsere Covenants verletzt werden?

R: Leider kann ich Ihnen das nicht sagen, da wir nach wie vor nicht über die notwendigen simulationsbasierten Planungs- oder Risikoaggregationsverfahren verfügen. Sie wissen ja, durch die Berechnung einer risikobedingt möglichen großen Anzahl von Zukunftsszenarien kann man eine realistische Bandbreite des zukünftigen Ergebnisses berechnen, und insbesondere prüfen, in wie viel Prozent der Szenarien die Covenants verletzt werden und …

---

43 *Gleißner* (2013b).

V: Ja, ja, ja, ich habe verstanden, die Simulationsverfahren sind die betriebswirtschaftliche Schlüsseltechnologie im Umgang mit Risiken und Unsicherheiten der Zukunftsentwicklung.

R: Und was nun? Soll ich jetzt endlich eine integrierte Planungs- und Simulationssoftware beschaffen, um unseren jetzt sicherlich gestiegenen Liquiditäts- und Eigenkapitalbedarf zu berechnen und eine Ratingprognose zu erstellen?

V: Sie hatten ja erwähnt, dass dies gar nicht sehr aufwändig ist. Was tun wir allerdings, wenn man sieht, dass wir, sagen wir mit 30%iger Wahrscheinlichkeit, auf eine schwerwiegende Krise zusteuern, also z.B. sogar ein BB-Rating verlieren?

R: Wir wissen dann zumindest, in welchem Umfang wir jetzt Gegenmaßnahmen ergreifen müssen. In welchem Umfang wir beispielsweise zusätzliche Risikotragfähigkeit durch eine Kapitalerhöhung beschaffen sollten oder …

V: Sie träumen. In der jetzigen Situation brauchen wir über eine Kapitalerhöhung gar nicht nachzudenken. Die Börsen sind tot.

R: … oder wir müssen durch eine Verstärkung unserer Risikobewältigungsmaßnahmen potenzielle risikobedingte Verluste verhindern – und natürlich ist auch an klassische Maßnahmen des Kosten- und Liquiditätsmanagements zu denken. Mit dem simulationsbasierten Planungsverfahren ist es dann möglich, die denkbaren Handlungsalternativen zu vergleichen und zu beurteilen. Und zwar zu beurteilen sowohl aus Perspektive unserer Eigentümer, also ausgedrückt in der Veränderung des Unternehmenswerts, als auch Perspektive der Gläubiger, also im Hinblick auf das Rating.[44]

V: Und wenn wir feststellen sollten, dass die früher vielleicht wirksamen Maßnahmen nun zu spät kommen? Soll ich unseren Aktionären erklären, dass wir mit 50%iger Wahrscheinlichkeit in einem Jahr in einer existenzbedrohenden Krise sein werden? Gut, wir hätten die entsprechenden Berechnungen und Maßnahmen

---

44 *Gleißner* (2013a und 2011b).

möglicherweise vor einem Jahr durchführen sollen, um eine krisenhafte Entwicklung zumindest abzufangen … aber jetzt bin ich nicht sicher, ob der Vorstand die möglichen Ergebnisse überhaupt sehen möchte.

R: Aber wollen Sie damit sagen, dass …

V: Ich möchte es einmal so ausdrücken: ich werde bei der nächsten Vorstandssitzung mit den Kollegen über Ihre Anregungen diskutieren und Sie dann in Relation zu unseren verschiedenen anderen Herausforderungen adäquat priorisieren.

Im Rating zeigen sich, neben Ertragskraft und Risikotragfähigkeit, im Wesentlichen die Risiken, die zufällig im letzten Jahresabschluss wirksam geworden sind – kaum dagegen zukünftige Risiken. Es drückt die Insolvenzwahrscheinlichkeit aus.

März 2009

V: Die Katastrophe ist perfekt. Wir haben Forderungsausfälle, Kreditversicherungen wollen keine Forderungen mehr absichern, die Banken sind paralysiert und das Konjunkturdesaster geht weiter und auch in Russland kaum ein Hoffnungsschimmer. Wir liegen meilenweit neben Plan und werden vermutlich eine noch schlimmere Planverfehlung hinlegen als 2008. Ich habe jetzt alle Ergebnisprognosen für 2009 ausgesetzt.

R: Hätten wir eine vernünftige risikoorientierte Unternehmensplanung, eine sogenannte stochastische Planung, könnten wir natürlich jetzt unsere Leistungsfähigkeit im betriebswirtschaftlichen Instrumentarium unter Beweis stellen.

V: Wie denn das? In der jetzigen Situation kann doch niemand eine vernünftige **Prognose** abgeben? Fast alle anderen großen Unternehmen verzichten doch auch auf Prognosen?!

R: Ja, sie verzichten auf Prognosen, aber eigentlich ist das ein Armutszeugnis für die Planungs- und Controllingsysteme. Es zeigt insbesondere, dass offenbar Planung, Controlling und Risikomanagement nicht verbunden sind. Natürlich hat die Unsicherheit bezüglich der Zukunftsentwicklung zugenommen. Man braucht dabei allerdings nicht auf eine Planung zu verzichten. Sinnvoll wäre es im Gegenteil, die erhöhte Planungsunsicherheit klar zu kommunizieren. Das heißt, man müsste einen Planwert anzeigen, und beispielsweise verdeutlichen, dass die Bandbreite, also die Planungsunsicherheit, zunimmt.

V: Ich soll also beispielsweise angeben, dass unser Ergebnis 2009 bei 100 Mio. +/- 800 Mio. liegt?

R: Wenn das die richtigen Zahlen wären, was ich im Moment nicht glaube, wäre das das einzig Faire. Ich denke, es ist wichtig, Scheingenauigkeiten zu vermeiden und das zu kommunizieren, was man tatsächlich über die Zukunftsentwicklung weiß, und das sind eben bestenfalls Bandbreiten, die sich aus der aggregierten Wirkung von Risiken ergeben.

V: Aber das macht doch keiner. Was soll man denn mit so einer Bandbreite anfangen? Auch für die unternehmensinterne Steuerung sind doch solche Bandbreiten völlig sinnlos, man muss sich doch irgendwie festlegen.

R: Durchaus nicht, wenn ich vorsichtig sein will, kann ich mich z.B. am unteren Rand orientieren oder Maßnahmen initiieren, die Planungssicherheit zu verbessern. Wahrscheinlichkeitsverteilungen – also Bandbreiten – kann man in sichere Werte, sogenannte Sicherheitsäquivalente umrechnen.[45] Das Instrumentarium existiert, ist aber zu wenig bekannt. Bandbreite und Korridore nicht anzugeben, resultiert wohl nicht zuletzt aus politischen Gründen. Wie die Psychologen sagen, präferieren Menschen zudem lieber eine noch so unsinnige, aber anscheinend sichere Zahl im Vergleich zu einer realistischen Bandbreite.

---

45 Vgl. *Gleißner / Romeike* (2012a und 2012b).

V: Sie und Ihre psychologischen Forschungsergebnisse.

R: Offensichtlich möchten die Menschen gar nicht sehen, wie unsicher die Zukunftsentwicklung tatsächlich ist. Man zieht eine Illusion von Sicherheit und Kontrolle vor. Und entsprechend handelt man unter dieser Illusion, was die vielen bekannten Fehlentscheidungen zur Konsequenz hat.

V: Sie spielen hier auf unsere eigene Unternehmung an? Auf Russland und ähnliche?

R: Zugegeben. Ich hoffe Sie verzeihen, wenn ich hier mittlerweile so direkt bin, aber ich habe das Gefühl, dass hier weder bei uns noch bei anderen viel gelernt wurde. Und ich habe auch schon bei Risikomanagerarbeitskreisen von Kollegen gehört, dass die Hauptentschuldigung für das Beibehalten von Schwächen im Risikomanagement und im Controlling darin besteht, darauf zu verweisen, dass fast alle anderen die gleichen Schwächen und Fehler haben.

V: Ich glaube, Sie gehen hier zu weit.

R: Auch erkannte Fehler und Schwächen werden nicht abgestellt, wenn man weiß, dass alle anderen die gleichen Fehler machen, und wenn sich diese Fehler in einer schwerwiegenden Krise und Milliardenverlusten auswirken, kann man immer noch darauf verweisen, alle anderen haben ja den gleichen Fehler gemacht. Welcher Vorstand oder Bereichsverantwortliche muss schon um seinen Kopf fürchten, wenn er auf die vergleichbare Praxis in anderen Unternehmen verweisen kann?

V: Jetzt reicht es. Es mag ja sein, und da gebe ich Ihnen durchaus Recht, dass wir vor zwei oder drei Jahren – eigentlich schon in der Zeit meines Vorgängers – mehr in den Ausbau unserer betriebswirtschaftlichen Steuerungsinstrumente, in Controlling und Risikomanagement, hätten investieren sollen, und dann vermutlich viele der jetzt eingetretenen Probleme hätten vermeiden können. Aber um es deutlich zu sagen, in der jetzigen Krise mit den Notwendigkeiten von Kostenabbau und der hohen Belastung unseres Topmanagements haben wir keine Zeit für Ihre betriebswirtschaftlichen Spielereien, Rechenübungen und Psychoblabla.

R: Ich habe auch dazu gelernt. Bei schönem Wetter verdrängt man die Risiken, und Risikomanagement hat dann scheinbar nicht die nötige Bedeutung, um in den Ausbau der Fähigkeiten für eine risikoorientierte Unternehmensführung zu investieren. Es geht ja auch so alles gut und die Erfolge der Vergangenheit zeigen scheinbar, dass man auch ohne gut leben kann. Und wenn dann die Risiken eingeschlagen sind und man sich in einer Krise befindet, kann man sich leider mit Risikomanagement auch nicht befassen, da nun andere Probleme dringender sind. Im Klartext: Eigentlich akzeptiert jeder, dass die Risikomanagementfähigkeiten von Unternehmen für die Krisenprävention und Unternehmenssteuerung von zentraler Bedeutung sind, aber leider ist nie ein günstiger Zeitpunkt, diese Fähigkeit wirklich auf- und auszubauen.

V: Ich denke, Sie sollten sich über Ihre Position noch einmal einige Gedanken machen. Unser Gespräch ist für heute beendet.

Juni 2009

V: Lieber Kollege, nachdem nun auch meine Vorstandskollegen die Bedeutung eines wirklich ökonomischen Risikomanagements als Instrument der Krisenprävention verstanden haben, freue ich mich, mit Ihnen heute unsere diesbezügliche Vorstandsvorlage für den nächsten Monat diskutieren zu können … aber erwähnen Sie bitte nicht die Wirtschaftskrise.

R: Natürlich nicht. Aber gestatten Sie eine persönliche Anmerkung. Sie scheinen trotz Krise inzwischen nicht mehr so beunruhigt zu sein?

V: Sie haben recht. Inzwischen ist ja klar, dass fast alle Unternehmen große Probleme haben … und deren Planung, deren Risikomanagement und wertorientierte Steuerung waren wohl auch nicht viel besser als unseres.
Und Sie wissen es sicher inzwischen auch: es ist nicht so wichtig, ob eine Entscheidung, aus Sicht der Entscheidungssituation, fundiert und richtig war oder eher nicht. Es zählt das Ergebnis und sei es nur durch Glück erreicht.

R: Aber wir haben kein Ergebnis, das man als Erfolg ansehen kann.

V: Stimmt. Aber die anderen auch nicht. Und ein Problem, das fast alle haben, wird man nicht so schlimm ansehen … Wir hatten einfach Pech!

R: Aber unsere Aktionäre …

V: … und selbst nach dem Russland-Desaster fragt in der globalen Krise keiner mehr.
Aber nun zurück zum Risikomanagement. Im Gegensatz zu den meisten meiner Kollegen liegt mir das Thema am Herzen. Der Nutzen für mich ist klar … äh für mich ist der Nutzen klar. Ich will nämlich unsere Planungssicherheit verbessern und unangenehme Planabweichungen möglichst verhindern. Analysten und Wirtschaftsprüfers verstehen zwar nicht viel von unserem Geschäft, können aber unangenehme Fragen stellen.

R: Ich nehme an, Sie hatten schon Gelegenheit, sich meine diesbezüglichen Ausarbeitungen etwas näher anzusehen. Haben Sie dazu Fragen?

V: Äh … auch wenn natürlich Ihre Ausarbeitung, und insbesondere die ManagementSummary, sehr aussagefähig war, würde ich es doch präferieren, die wesentlichen Ideen noch einmal durch Ihre Worte kurz zusammengefasst zu erhalten.

R: Gerne. Sie sehen, ich habe das Konzept für ein ökonomisch orientiertes Risikomanagement entwickelt, oder besser: für ein risiko- und wertorientiertes Management. Mir ging es dabei darum aufzuzeigen, dass insgesamt die Risikomanagementfähigkeiten im Unternehmen gestärkt werden sollen, nicht alleine meine Organisationseinheit „Risikomanagement“. Als Ziel möchte ich die Voraussetzung dafür schaffen, dass unser Unternehmen besser mit den Risiken und Unsicherheiten der Zukunft umgehen kann. Ich möchte gewährleisten, dass mit Risikoinformationen eine **Krisenfrühwarnfunktion** im Unternehmen möglich wird und so Krisen vermieden werden. Wir nutzen, soweit möglich, bewährte Managementsysteme, um regelmäßig neue Risiken zu identifizieren und diese adäquat zu quantifizieren. So werden wir beispielsweise im Rahmen der Controlling- und Planungsprozesse zukünftig effizient

und ohne bürokratischen Zusatzarbeitsaufwand unsichere **Planannahmen**, also mögliche Risiken, systematisch identifizieren und im Rahmen der Analyse von Planabweichungen auch die zugrundeliegenden Ursachen, also wieder Risiken, aufgreifen. Auch das Qualitätsmanagement wird beispielsweise mit der FMEA zum Risikomanagement beitragen.
Meine Aufgabe als Verantwortlicher für das zentrale Risikomanagement sehe ich dann im Wesentlichen darin, die notwendigen Methoden und Prozesse zu initiieren und fachliche Hilfestellungen zu geben sowie Risk-Awareness im Unternehmen zu schaffen.

V: … aha …

R: Natürlich sollte das Risikomanagement dem Vorstand direkt unterstellt und in die Vorbereitung wesentlicher Entscheidungen eingebunden werden.

> In einem integrierten Risikomanagementansatz werden wesentliche Basisarbeiten für das Risikomanagement von bewährten Managementsystemen übernommen. So werden beispielsweise im Controlling unsichere Planannahmen aufgedeckt und die Ursachen eingetretener Planabweichungen analysiert, um neue Risiken zu identifizieren.

Fachlich werde ich mich um die Risikoaggregationsmodelle kümmern. Gemäß meines Vorschlags können wir im Zusammenspiel mit Controlling die Planung dahingehend weiterentwickeln, dass wir Transparenz über Planungssicherheit schaffen und den risikobedingten Eigenkapitalbedarf ermitteln. Sie wissen, dass wir bei derartigen Verfahren mittels computergestützter **Simulation** eine große risikobedingte mögliche Anzahl von Zukunftsszenarien des Unternehmens berechnen, um so auf die Bandbreite der zukünftigen Cashflows und Verluste zu schließen. Wir werden dann für den Vorstand diese Informationen aufbereiten. Der Vorstand erhält einmal im Monat mit dem Risikoinventar die Hitliste unserer Topeinzelrisiken, und den Eigenkapitalbedarf, der erforderlich ist, um beim angestrebten Zielrating die risikobedingt möglichen Verluste zu tragen. Zudem werden wir sämtliche Plandaten dahingehend erweitern, dass neben dem traditionellen „Planwert“ eine realistische Bandbreite angegeben wird, die den Umfang möglicher Planabweichungen sensibilisiert. Und in einem weitergehenden Schritt, vielleicht im nächsten Jahr, möchten wir dann gewährleisten, dass bei allen unternehmerischen Entscheidungen erwartete Erträge und Risiken gegeneinander abgewogen werden. Beispielsweise möchten wir also unter Nutzung bereits vorhandener Risiko-Informationen[46] ausgehend von den aggregierten Risikoinformationen risikogerechte **Kapitalkostensätze** herleiten – wir möchten also die leistungsfähigen und belastbaren Informationen unserer Planung und Risikoidentifikation für eine risiko- und wertorientierte Unternehmenssteuerung nutzen, anstelle der bisher üblichen Kapitalmarktdaten, wie beispielsweise im CAPM. Und wir möchten …

V: Danke für die Zusammenfassung. Aber was sollte aus Ihrer Sicht der erste Schritt sein, um möglicherweise noch bestehenden Bedenken zu begegnen?

R: Wir sollten von unseren wichtigen Fach- und Führungskräften alle Gründe zusammenfassen lassen, die gegen eine sofortige Weiterentwicklung von Risikomanagement, Investitionsrechnung und Controlling sprechen.

V: Ich habe Sie wohl missverstanden. Sie wollen die Gründe, die dagegen sprechen?

R: Genau. Das Schlimmste sind nämlich nicht klar geäußerte, vorgeschobene Argumente, die oft nur persönliche Interessen und Sorgen verdecken wollen. Mit klar geäußerten Bedenken kann man sich auch tatsächlich auseinandersetzen. Und ich kann Ihnen versichern, dass man in Anbetracht des Nutzens, man denke an unser Russland-Desaster, kaum Argumente gegen eine sofortige Verbesserung unserer Fähigkeit im Umgang mit Risiken finden kann.
Zu hohe Kosten? Wie viel Promille in Relation zum Umfang unserer Sachinvestitionen und Akquisitionen? Gerade dringendere Probleme? Das haben wir lange genug erlebt und auch hier stellt sich

---

46 *Gleißner* (2013a).

nur die Frage, wie viel Promille der Gesamtarbeitszeit unserer betriebswirtschaftlichen Abteilungen wir hier einsetzen wollen! Nicht lösbare fachlich methodische Probleme, z.B. bei Risikoquantifizierung oder Risikoaggregation? Ich habe noch nie gehört oder erlebt, dass ein solches Problem nicht wirklich lösbar wäre. Oft wird nur nicht gefragt, da die Angst besteht, eine Lösung präsentiert zu bekommen und dann eine Ausrede weniger zu haben.

V: Also im Klartext, Sie wollen erst alle Stolpersteine auf dem Weg für die Verbesserung des Risikomanagements kennen und offensiv aus dem Weg räumen. Sie möchten parallel dazu den Nutzen zeigen und jedem Entscheidungsträger anbieten, selbst zu definieren, welche Risikoinformationen er, geeignet aufbereitet, für seine Entscheidungen benötigt.

R: Genau. Und dann können wir mit der praktischen Umsetzung beginnen. Ich möchte noch einmal betonen, dass es mir im Prinzip persönlich egal ist, ob wir die notwendigen Aktivitäten zum Ausbau unseres betriebswirtschaftlichen Steuerungsinstrumentariums als Weiterentwicklung des Risikomanagements bezeichnen oder beispielsweise als Weiterentwicklung unserer Investitionsrechen- und Controllingsysteme. Wir müssen nur beginnen, die erforderlichen Maßnahmen möglichst schnell umzusetzen und insbesondere …

V: Ach ja, wie erfreulich altruistisch, und ich erinnere mich, dass Sie dafür sehr überschaubare Kosten eingeplant haben.

R: Wir möchten ja soweit möglich bewährte Managementsysteme nutzen und den Ausbau in mehreren Stufen vornehmen, um möglichst schnell den praktischen Nutzen zu verdeutlichen. Ich plane daher ca. 30 bis 100 Beratungstage für den Gesamtkonzern durch ein auf Risikomanagement spezialisiertes Consulting-Unternehmen, das ausgeprägte fachlich wissenschaftliche Kompetenz und Praxiserfahrung verbindet, zuzukaufen und gehe davon aus, dass wir intern für die konzeptionellen Arbeiten ähnlich viel Arbeitszeit einsetzen müssen. Die Kosten für die notwendige zusätzliche IT, beispielsweise für die simulationsbasierten Risikoaggregationsverfahren, sind nur ein paar Tausend Euro.

V: Das hört sich, gemessen am Nutzen, natürlich ziemlich überschaubar an.

R: Mit diesen Ressourcen lässt sich der Ausbau des Risikomanagements sicher gewährleisten. Meine Idee: Wir investieren langfristig, sagen wir, ein Promille der Investitionssumme in die Fundierung von Entscheidungen, also in betriebswirtschaftliche Intelligenz.
Darüber hinaus würde ich jedoch anregen, dass ich anstelle meiner bisherigen Halbtagesassistenz zusätzlich ein bis zwei Mitarbeiter bekomme. Dies ist natürlich für das Risikomanagement nicht zwingend erforderlich, aber ich glaube, dass wir für zusätzliche Risikoanalysen, z.B. bei Investitionsprojekten, und Ähnlichem, hier einen erheblichen Mehrwert leisten könnten …

V: Ja, ja, aber Sie wissen doch, in Anbetracht der Krise sind wir gerade zu Kosteneinsparungen verpflichtet und in Planung, Controlling und den anderen administrativen Abteilungen werden mehr als 200 Stellen gestrichen …

R: Interessant, wie viele Ressourcen für Planung und Controlling eingesetzt werden, ohne dass man sich dort bisher adäquat mit Risiken beschäftigt hat …

V: Ich verstehe Ihre Verärgerung und es lässt sich wohl nicht bestreiten, dass hier in der Vergangenheit etwas falsche Prioritäten gesetzt wurden. Ich stehe einem Ausbau der Ressourcen im Risikomanagement natürlich auch gar nicht grundsätzlich ablehnend gegenüber, aber Sie werden verstehen, dass es aus politischen Gründen in der jetzigen Situation nicht möglich ist, den Headcount in Ihrem Bereich zu erhöhen.

R: Grummel …

V: Aber ich finde es natürlich insgesamt sehr erfreulich, dass Sie lediglich durch eine intelligentere Nutzung von Ressourcen und einen verbesserten Ausbau von Methoden mit minimalen Kosten, gemessen z.B. an unserer Investition, derartigen zusätzlichen Nutzen bringen können.

Und man könnte, wenn auch nicht alle, so doch viele Fehler aus den Bereichen Marketing und Produktion bei der Beurteilung von Investitionsprojekten rechtzeitig abfangen?

R: Sicherlich kann man die Qualität unternehmerischer Entscheidungen verbessern und speziell bestimmte Fehlentscheidungen, sei es bei Sachinvestitionen oder M&A-Fällen, verhindern. Aber zur Ehrenrettung der Kollegen in den Bereichen Marketing und Produktion, die Marktanalysen und Kostenschätzung für die Russlandaktivitäten vorgelegt haben, muss man sagen, dass deren Informationen eigentlich gar nicht so falsch waren. Man hat nur bestimmte Informationen, speziell Chancen und Gefahren, gar nicht abgefragt und quantifiziert. Und die vorliegenden Informationen wurden aufgrund methodischer Defizite in Controlling, Investitionsrechnung und Risikomanagement nicht korrekt ausgewertet. Sie erinnern sich: Es wurde mit wahrscheinlichsten Werten statt mit Erwartungswerten gerechnet, der risikobedingt mögliche Umfang von Verlusten und damit der Eigenkapitalbedarf wurden nicht berechnet, risikogerechte Anforderungen an die Rendite wurden nicht adäquat abgeleitet usw. … Alles in allem lagen die Probleme also sicherlich mehr in der betriebswirtschaftlichen Methodik begründet als in Fehlern der Kollegen aus Marketing oder den Fabrikplanern des Produktionsvorstands.

V: Also wenn ich Sie richtig verstanden habe, hätten wir, wenn nicht mit Sicherheit, so doch mit hoher Wahrscheinlichkeit durch eine adäquate Risikoanalyse und risikoorientierte Entscheidungstechniken mit diesen paar hunderttausend Euro Investition in betriebswirtschaftliche Intelligenz, wie Sie einmal sagten, milliardenschwere Fehler wie in Russland vermeiden können? Möglicherweise hätten wir eine wesentlich risikoärmere Markteintrittsstrategie für Russland gewählt, wenn die Risikoanalyse für die strategischen Handlungsoptionen vorgelegen hätte?

R: Davon bin ich überzeugt. Und dies nicht nur, weil man im Nachhinein immer schlauer ist. Auch mit besserer Auswertung derjenigen Informationen, die zum Entscheidungszeitpunkt vorlagen, wäre man vermutlich im Vorstand zu einer anderen Entscheidung gekommen. Und Sie wissen, dass die Probleme nur wenig mit der jetzigen globalen Wirtschaftskrise zu tun haben. Was gefehlt hat, war insbesondere eine Qualitätssicherung der Entscheidungsvorlage bei Vorstand und Aufsichtsrat.

V: … Nun ja … das heißt aber doch eigentlich, dass durch einen Fehler im bisherigen betriebswirtschaftlichen Instrumentarium eine Milliardenfehlinvestition getätigt wurde? Methodikfehler statt Pech durch Wirtschaftskrise?

R: Ja, und derartige Fehler lassen sich zukünftig in ihrer Wahrscheinlichkeit und Dimension deutlich reduzieren!

V: Äh, nun … das hätte man aber ja auch früher haben können und damit war es letztlich ein Fehler im betriebswirtschaftlichen Instrumentarium … und das soll ich in dieser Form nun meinen Vorstandskollegen erklären? Und Sie wollen das im jährlichen Risikoreport schreiben? Vielleicht gleich für den Aufsichtsrat? Schwächen in der betriebswirtschaftlichen Methodik von Investitionsrechnungen, Controlling und Risikomanagement statt schlichter Fehleinschätzungen der Kollegen aus Vertrieb und Produktion? Das wollen Sie so schreiben? Vielleicht gleich in Kopie an unsere D&O-Versicherung, falls wir persönlichen Haftungsrisiken ausgesetzt sind?

R: Nun ja, aber wir wollen uns doch verbessern! Man könnte vielleicht …

V: Ich glaube, wir müssen über dieses Thema noch einmal intensiver nachdenken. Ich kann mir nicht vorstellen, dass das auf große Begeisterung stoßen wird, wenn wir nun auf betriebswirtschaftlich-methodische Schwächen zurückzuführende Fehlentscheidungen eingestehen. Ich glaube, wir hatten doch nur Pech! Wie die anderen auch!

R: Nun …

V: Ich habe jedoch das Gefühl, dass wir jedoch noch einige wesentliche Aspekte unterschätzt haben und ein derartiger Neustart und Ausbau unseres Controllings und Risikomanagements doch noch viel weitergehende Implikationen hat – möglicherweise ist in Anbetracht unserer Historie jeder weitere Schritt nur möglich mit einem flankierenden personellen Neuanfang … entweder auf Ebene des Finanzvorstands oder des Risikomanagers.

R: Sie meinen …

Der Ausbau der Risikomanagementfähigkeiten eines Unternehmens kann scheitern an (1) fehlenden fachlichen Kenntnissen über verfügbare Methoden und (2) psychologisch bedingter Aversion, sich mit Risiko, Mathematik und Wahrscheinlichkeitsverteilung zu befassen, oder (3) persönlichen Interessen von Entscheidern, die durch ein höheres Maß an Transparenz und der Nachvollziehbarkeit unternehmerischer Entscheidungen ihre Position gefährdet sehen.

November 2009 – bisheriger Vorstand, neuer Risikomanager

V: Guten Tag, Dr. Riskhardt. Es freut mich, Sie als unseren *neuen* Leiter Konzernrisikomanagement nun auch persönlich kennenzulernen. Ihr direkter Vorgesetzter, unser Leiter Interne Revision, hat mir schon berichtet, dass Sie sich in den letzten Wochen bei uns im Unternehmen sehr gut eingearbeitet haben.

R2: Vielen Dank noch einmal, dass Sie mir die Stelle des Risikomanagers gegeben haben, obwohl ich die eigentlich geforderten mathematischen und Finanzkenntnisse nicht wirklich habe und sicher nicht so gut mit Zahlen umgehen kann wie die Controller …

V: Schon gut. Wir erwarten von Ihnen eben eine nachhaltig-ganzheitliche Herangehensweise mit hoher interkultureller Kompetenz.

R2: Vielen Dank, ich habe mich auch schon sehr auf unser erstes persönliches Gespräch gefreut und vor allem auf die Gelegenheit, Ihnen meine Überlegungen zum Ausbau des Risikomanagements unseres Unternehmens etwas näher erläutern zu können.

V: Fein, fein. Aber Sie wissen ja, dass wir uns momentan mit wesentlichen strategischen Entscheidungen befassen, die Konsolidierung nach der Krise und die geplanten strategischen Initiativen im Vorstand diskutieren und dazu eine Aufsichtsratsvorlage vorbereiten – in Anbetracht der Dringlichkeit und Wichtigkeit dieser Themen würde ich sehr gerne die Diskussion unseres Risikomanagements etwas verschieben. Vielleicht am besten auf einen Termin vor unserer Vorstandssitzung im Februar, bei dem wir uns turnusmäßig mit Risiko und Risikomanagement befassen …

R2: Aber das sind noch drei Monate?! Ich habe schon ein Konzept entwickelt, wie wir die Identifikation von Risiken effizienter gestalten können, welche neuen Möglichkeiten der Quantifizierung von Risiken bestehen und wie wir ein Modell für die Risikoaggregation entwickeln können, das Ihnen z.B. regelmäßig anzeigt, wie hoch das risikobedingte Eigenkapital zur Absicherung unseres Ratings ist und …

V: Das ist sehr interessant. Sie werden aber verstehen, dass wir uns in Anbetracht der aktuellen strategischen Herausforderungen zunächst einmal mit wichtigeren Dingen zu befassen haben. Natürlich werden wir uns zu angemessener Zeit mit dem von Ihnen entwickelten Konzept zum weiteren Ausbau unseres Risikomanagements befassen.
… und bitte orientieren Sie sich an unserer Peergroup … und verursachen Sie keine Zusatzkosten. Sie wissen, wie viel Geld wir durch Wirtschaftskrise und … äh … Pech … in Russland verloren haben.

R2: Ja natürlich, aber …

V: Bestens, wir sehen uns dann im Januar, wenn Sie mir als Vorbereitung für die Vorstandssitzung unsere Riskmap erläutern.

„Die Krise ist vorbei, die Guten und die Glücklichen haben überlebt, und vielleicht einige etwas gelernt … aber viele befinden sich in einem endlosen Band … oder doch nicht?“ –
Prof. Dr. Werner Gleißner

Dezember 2009 (am Strand von Mauritius)

R: (vor sich hin murmelnd): … also keine Risikoaggregation und keine Stresstests … Risikoinformationen über die Großinvestition erst nach der Entscheidung im Risikobericht … und die Analysen im Controlling wurden mir als Risikomanager nicht mitgeteilt … was man doch alles an schwerwiegenden, methodischen Schwächen im Risikomanagement meines letzten Arbeitgebers aus meinen privaten Aufzeichnungen ableiten kann. Wem sollte ich nun meine Notizen senden? Meinem Nachfolger? Der Presse? Einem Anlegeranwalt oder doch besser meinem lieben Ex-Chef, dem Finanzvorstand, um über eine Neueinstellung – natürlich mit vieeeeeeeel besserem Gehalt – zu diskutieren?

Epilog: Gier, Risiko und Wirtschaftskrise

Es scheint sich ein allgemeiner Konsens gebildet zu haben, demzufolge die „Gier" von Aktionären und Topmanagern, speziell der Banken, Hedge- und Private Equity Fonds, die letztendliche Ursache der letzten Finanz- und Wirtschaftskrise sei. Die laxe Geldpolitik, bestehende Defizite in der staatlichen Regulierung von Kapitalmärkten und schlichte ökonomische Fehlentscheidungen hätten ergänzende Erklärungskraft.

Der plakative Begriff der „Gier", der sich für Schuldzuweisungen hervorragend eignet, ist sicherlich kein Standardterminus der ökonomischen Theorie und daher soll die Hypothese der Gier als primäre Krisenursache im Folgenden aus ökonomischer Perspektive etwas näher betrachtet werden.

Sicherlich kann man den vollkommen rationalen Homo oeconomicus der traditionellen mikroökonomischen Theorie, der seinen erwarteten Nutzen maximieren möchte, durchaus als „gierig" bezeichnen. Bei plausiblen Annahmen über die Nutzenfunktion strebt er unabhängig vom bereits erreichten Nutzen- oder Vermögensniveau immer nach „mehr", obwohl der relative Nutzenzuwachs (Grenznutzen) abnimmt. Die Orientierung am eigenen Nutzen, bei der implizit die Präferenzen und Reaktionen anderer Menschen berücksichtigt werden, findet man auch noch in der neueren verhaltenswissenschaftlichen Richtung der Ökonomie, die allerdings Menschen zusätzlich eine auf „Fairness und Gleichheit" sowie „Reziprozität" („wie du mir, so ich dir") ausgerichtete Verhaltensweise bescheinigt. Das Streben nach einer ständigen Verbesserung der eigenen Lebensumstände und auch des Wissens über die Welt, Gier und Neugier, kann man positiv auch als die dominierenden Antriebskräfte für die gesamte menschliche Entwicklung seit der Steinzeit auffassen – mit allen positiven Konsequenzen für Lebensstandard und Lebensdauer.

Was ging dann in der Krise schief? Grundsätzlich sind Krisen, also temporär negative Wachstumsraten, in einer freiheitlichen Wirtschaftsordnung völlig normal. Bei genauerer Betrachtung scheint zudem weniger das eigennützige Handeln der Menschen für sich genommen die Ursache der jetzigen Krise zu sein, sondern Fehler in den Anreizsystemen und im Entscheidungskalkül, speziell in Bezug auf Risiken.

Zunächst fällt auf, dass sich die Entscheidungen vieler Menschen, speziell auch der Aktionäre und deren Vertreter, in erster Linie an der prognostizierten oder erwarteten Rendite von Anlagen orientiert haben. Aktionäre fordern hohe Renditen und Vorstände sehen sich gezwungen, diesen Renditeforderungen zu entsprechen. Im Gegensatz zu dem Modell des Homo oeconomicus oder der „Erwartungsnutzentheorie" erfolgt dabei offenbar im Wesentlichen eine isolierte Beurteilung der Rendite – die Risiken, die Abweichungen von der erwarteten Rendite ausdrücken, bleiben weitgehend unbeachtet. Ein starkes Indiz für diese Hypothese ist die Beobachtung, dass meist lediglich Renditeziele formuliert werden, ohne eine Aussage darüber zu treffen, mit wie viel Risiko diese Rendite erzielt werden soll.

Scheinbar teilt sich damit die Welt – vereinfacht ausgedrückt – in Menschen, die weitgehend unbeachtet der Risiken ihre Rendite maximieren wollen („Spekulanten") und solche, die jede (positive) Rendite akzeptieren, wenn damit nur kein Risiko verbunden ist („Sparer"). Vernünftig ist wohl beides nicht, aber natürlich sind in einer derartigen Welt Spekulanten zumindest an sich notwendig, da Unternehmertum und Fortschritt ohne das Eingehen von Risiken unmöglich sind.

Aber die einseitige Betrachtung von erwarteten und prognostizierten Renditen in den letzten Jahren deckt sich mit Erkenntnissen der psychologischen Forschung, denen zufolge sich Menschen ein Gefühl der Kontrolle ihres Umfelds wünschen, darum Risiken gerne verdrängen und zudem offenbar eine Aversion haben, sich mit den für eine Risikoquantifizierung notwendigen Konzepten wie Statistiken und Wahrscheinlichkeitsverteilungen zu befassen. Die Risikowahrnehmung von Menschen ist stark verzerrt.

Diese Fehler von Menschen in der Wahrnehmung von Risiken und beim adäquaten Entscheiden unter Berücksichtigung von Risiken dürfte tatsächlich der primäre Auslöser von Finanz- und Wirtschaftskrisen sein. Die Menschen sind nicht in der Lage, Risiko und Ertrag intuitiv gegeneinander abzuwägen – wie es gerade eine der Kernaussagen der heute zu Unrecht oft kritisierten Konzeption eines wertorientierten Managements fordert.

Verschärft wird dieses Problem noch dadurch, dass Vorstände von Unternehmen, die im Wesentlichen mit Renditezielen ihrer Eigentümer konfrontiert werden, wenig Anreiz haben, in den Ausbau ihres Instrumentariums zur Analyse und Aggregation von Risiken zu investieren. Die heute in Unternehmen, speziell auch in Banken und Fonds, implementierten Risikomodelle werden zu Recht kritisiert, weil sie Jahre oder Jahrzehnte hinter dem Stand des Wissens zurückliegen.

Seit langem ist bekannt, dass beispielsweise die Kapitalmärkte nicht adäquat durch die „milde Zufälligkeit“ (Mandelbrot) von Normalverteilung und „Random Walk“ zu beschreiben sind. Stattdessen müssen extreme Sprünge, beispielsweise durch Methoden der Extremwerttheorie, berücksichtigt werden. Zudem können auch zukünftige Renditen und Risiken nicht einfach durch Fortschreibung der Vergangenheit bestimmt werden – hier ist eine volkswirtschaftliche Modellierung erforderlich, um zu verstehen, ob eine bestimmte Rendite zukünftig überhaupt „machbar“ ist. Die erzielbare Rendite lässt sich aus dem Gewinn- und damit dem Wirtschaftswachstum ableiten und ergibt sich bei konstantem Bewertungsniveau von Aktien als Summe der Dividendenrendite, der Inflation und des realen Wirtschaftswachstums (ca. 8 %). Wer mehr will, muss dies meist mit mehr Risiko erkaufen. Ebenfalls seit Jahren ignoriert werden die sogenannten „Meta-Risiken“, also speziell Modell- und Parameterrisiken, sozusagen die Risiken, ein Risiko falsch quantifiziert zu haben. Natürlich weiß an sich jeder, dass die Parameter der Risikomodelle selbst unsicher, also nur in einer Bandbreite bekannt sind, was sich schon aus der begrenzten Verfügbarkeit statistisch auswertbarer historischer Daten ergibt. Nur wurden diese Modellrisiken schlicht ignoriert, womit ein erheblicher Teil des tatsächlichen Risikoumfangs a priori ausgeblendet wurde. Auch die für die Einschätzung zukünftiger Risiken natürlich sinnvolle Kenntnis wesentlicher Modellannahmen und die Berücksichtigung historischer Krisenszenarien, z.B. einer Asset Price Bubble, sind unterblieben. Gerade wegen den erheblichen, psychologisch bedingten Schwächen von Menschen, Risiken adäquat intuitiv zu quantifizieren, sind geeignete Risikomodelle notwendig und Risikomodelle und menschlicher Verstand müssen sich sinnvoll ergänzen. Der Ausbau der Risikomodelle und der Kompetenz im Risikomanagement ist jedoch unterblieben wegen fachlich methodischer Kenntnisdefizite einerseits und dem angesprochenen geringen Interesse am Thema Risiko durch die einseitige Orientierung der Eigentümer an Renditezielen andererseits.

Noch verschärft wird die Situation dadurch, dass einige Stakeholder – z.B. das Topmanagement – oft sogar ein völlig rationales Interesse haben, mehr Risiken einzugehen. Zum einen erfüllen sie damit, wie erwähnt, den Wunsch von Finanzanalysten und Eigentümern, die ohne Beachtung der Risiken höhere Renditen fordern. Zum anderen entspricht dies auch ihrem originären eigenen Interesse, da sie oft an den mit zunehmenden Risiken steigenden Chancen (möglichen positiven Planabweichung) via Boni weitgehend unlimitiert partizipieren, während die Gefahren (durch die bestehenden Options- und Bonussysteme oder Haftungsbegrenzungen) beschränkt bleiben. Die bisher oft bestehenden Anreizsysteme der Eigentümer, und speziell des Topmanagements von Unternehmen, verstärken damit die einseitige Orientierung an den Renditen bei Vernachlässigung von Risiken. Die Implikationen sind offensichtlich: Der Risikoumfang von Unternehmen wird, z.B. durch M&A-Aktivitäten, erhöht und in der Konsequenz steigt auch das makroökonomische Risiko. Und eine Zunahme makroökonomischer Risiken impliziert eine Zunahme der Wahrscheinlichkeit und potenzieller Auswirkungen gesamtwirtschaftlicher Krisen, die letztlich nichts anderes sind als die Konsequenzen eingetretener Risiken.

Vorsichtiger im Umgang mit Risiken sind allerdings viele Familienunternehmen, bei denen Bestandssicherung von zentraler Bedeutung ist. Aber auch bei diesen ist es noch immer unüblich, den Liquiditäts- und Eigenkapitalbedarf zur Abdeckung möglicher risikobedingter Verluste mittels sogenannter „Risikoaggregationsmodelle“ fundiert herzuleiten, obwohl dies nun seit 1998 durch den auf dem Kontroll- und Transparenzgesetz (KonTraG) aufbauenden Prüfungsstandard 340 des Instituts der Deutschen Wirtschaftsprüfer gefordert wird.

Zusammenfassend ist festzuhalten, dass nicht die Gier die tiefe Ursache der jetzigen Wirtschafts- und Finanzkrise darstellt. Sucht man vereinfachend nach einer Ursache, scheint diese die ausgeprägte Schwäche der Menschen beim Abwägen der erwarteten Ergebnisse (Rendite) und der Risiken zu sein. Die primäre Orientierung an der Rendite, ohne Beachtung der Risiken, führt zu einer einseitigen Auswahl risikobehafteter Geschäfte und impliziert zudem ein geringes Interesse, die heute noch recht schwach entwickelten Methoden von Risikoquantifizierung und Risikomanagement auszubauen.

Will man die Wahrscheinlichkeit makroökonomischer Krisen vermindern und Unternehmen erfolgreicher machen, muss der Ansatzpunkt bei der Verbesserung des Rendite-Risiko-Kalküls bei der Vorbereitung unternehmerischer Entscheidungen gesucht werden.

Fazit: Gier alleine mag akzeptabel sein, aber Gier und Risikoblindheit zusammen führen in ein Desaster, wenn nicht schieres Glück rettet.

Literaturverzeichnis

Albrecht, P. / Maurer, R. (2005): Investment- und Risikomanagement, 2. Auflage, Stuttgart 2005

Angermüller, N. O. / Gleißner, W. (2011): Verbindung von Controlling und Risikomanagement: Eine empirische Studie der Gegebenheiten bei H-DAX Unternehmen, in: Controlling, 6 / 2011, S. 308–316

Artzner, P. / Delbaen, F. / Eber, J.-M. / Heath, D. (1999): Coherent Measures of Risk, in: Mathematical Finance Juli / 1999, S. 203–228

Bauer, T. / Gigerenzer, G. / Krämer, W. (2014): Warum dick nicht doof macht und Genmais nicht tötet, Campus Verlag, Frankfurt 2014

Baule, R. / Ammann, K. / Tallau, C. (2006): Zum Wertbeitrag des finanziellen Risikomanagements, in: WiSt, Heft 2, Februar 2006, S. 62–65

Beck-Bornholdt, H.-P. / Dubben, H.-H. (2007): Der Schein der Weisen, 5. Auflage, Rowohlt Verlag

Bemmann, M. (2007): Entwicklung und Validierung eines stochastischen Simulationsmodells für die Prognose von Unternehmensinsolvenzen, Dissertation, Technische Universität Dresden

Berger, T. / Gleißner, W. (2007): Risikosituation und Stand des Risikomanagements aus Sicht der Geschäftsberichterstattung, in: Zeitschrift für Corporate Governance, 2/07, S. 62–68

Berger, T. / Gleißner, W. (2013): Modernes Risikomanagement, in: wisu, 4 / 2013, S. 525–530

Blum, U./Gleißner, W./Leibbrand, F. (2005): Stochastische Unternehmensmodelle als Kern innovativer Ratingsysteme, in: IWH-Diskussionspapiere, Nr. 6, November 2005

Bowman, E. (1980): A-Risk-Return-Paradoxon for Strategic Management, in: Sloan-Management Review, Vol. 21, S. 17–33

Brückner, R. / Gleißner, W. (2013): Unbefriedigende Datenlage: Ein Argument für den Ausbau von Controlling- und Risikomanagement-Methoden, in: Controller Magazin, 4 / 2013, S. 12–16

Brühwiler, B. (2008): ISO/DIS 31000 und ONR 49000:2008 – Neue Standards im Risikomanagement, in: MQ – Management und Qualität, 5 / 2008, S. 26–27

Brünger, C. (2009): Erfolgreiches Risikomanagement mit COSO ERM – Empfehlungen für die Gestaltung und Umsetzung in der Praxis, Erich Schmidt Verlag, Berlin 2009

Budd, J. L. (1993): Characterizing risk from the strategic management perspective, Kent State University, Dissertation

Crouhy, M. / Galai, D. / Mark, R.: Model Risk, in: Journal of Financial Engineering, Vol. 7, 1998, S. 267–288

Campbell, J. Y. / Hilscher, J. / Szilagyi, J. (2008): In Search of Distress Risk, in: Journal of Finance, American Finance Association, vol. 63(6), S. 2899–2939

Campbell, J. Y. / Shiller, R. J. (1998a): Valuation Ratios and the Long-Run Stock Market Outlook, in: The Journal of Portfolio Management, 1998, S. 11–26

Campbell, J. Y. / Shiller, R. J. (1998b): Stock Prices, Earnings, and Expected Dividends, in: The Journal of Finance, vol. 43, no. 3, Juli 1988, S. 661–676

Crasselt, N. / Pellens, B. / Schmidt, A. (2010): Zusammenhang zwischen Wert- und Risikomanagement – Ergebnisse einer empirischen Untersuchung, in: Controlling, 22. Jg. (2010), S. 405–410

Cyrus, R. / Gleißner, W. (2013): Haftungsfalle bei Managemententscheidungen: Maßnahmenpaket zur Vermeidung und Abwehr einer persönlichen Haftung, in: ZRFC Zeitschrift für Risk, Fraud & Compliance, 5 / 2013, S. 180–186

Dempsey, M. (2013): The Capital Asset Pricing Model (CAPM): The History of a Failed Revolutionary Idea in Finance?, in: Abacus, Vol. 49, S. 7–23

Dreher, M. (2010): Unternehmenswertorientiertes Beteiligungscontrolling: Aufgabenspezifische Fundierung auf Basis entscheidungs- und kapitalmarktorientierter Konzepte der Unternehmensbewertung, Josef Eul Verlag, Lohmar 2010

Erben, R. / Romeike, F. (2003): Allein auf stürmischer See – Risikomanagement für Einsteiger, Weinheim 2003

Ernst, D. / Gleißner, W. (2012): Wie problematisch für die Unternehmensbewertung sind die restriktiven Annahmen des CAPM?, in: Der Betrieb, Heft 49, S. 2761–2764

Fama, E. F. (1977): Risk-adjusted Discount Rates and Capital Budgeting under Uncertainty, in: Journal of Financial Economics 5 / 1977, S. 3–24

Fama, E. F. / French, K. R. (1992): The Cross-Section of Expected Stock Returns, in: The Journal of Finance, Number 2, 6 / 1992, S. 427–465

Fama, E. F. / French, K. R. (1993): Common risk factors in the returns on stocks and bonds, in: Journal of Financial Economics, Vol. 47, S. 3–56

Fama, E. F. / French, K. R. (2012): Size, Value, and Momentum in international Stock Returns, in: Journal of Financial Economics, volume 105, issue 3, September 2012, S. 457–472

Füser, K. / Gleißner, W. (2005): Rating-Lexikon – 800 Stichwörter mit Fakten und Checklisten rund um Basel II, München 2005

Füser, K. / Gleißner, W. (2013): Planung, Rating, wertorientierte Steuerung und Risikomanagement: Die Herausforderungen, in: Controller Magazin, September / Oktober, 2013, S. 24–27

Füser, K. / Gleißner, W. / Meier, G. (1999): Risikomanagement (KonTraG) – Erfahrungen aus der Praxis, in: Der Betrieb, 15/1999, S. 753–758

Gleißner, W. (2000a): Faustregeln für Unternehmer – Leitfaden für strategische Kompetenz und Entscheidungsfindung, Wiesbaden 2000, Download unter: http://www.werner-gleissner.de/site/publikationen/downloads/WernerGleissner_Faustregeln-fuer-Unternehmer.pdf.

Gleißner, W. (2000b): Risikopolitik und strategische Unternehmensführung, in: Der Betrieb, 33/2000, S. 1625–1629

Gleißner, W. (2004a): Der Faktor Mensch – psychologische Aspekte des Risikomanagements, in: Zeitschrift für Versicherungswesen, 10/2004, S. 285–288

Gleißner, W. (2004b): FutureValue – 12 Module für eine wertorientierte strategische Unternehmensführung, Wiesbaden 2004

Gleißner, W. (2005): Kapitalkosten – der Schwachpunkt bei der Unternehmensbewertung, in: Finanz Betrieb, 4/2005, S. 217–229

Gleißner, W. (2006a): Risikomaße und Bewertung, dreiteilige Serie, in: Risikomanager, Teil 1 Grundlagen 12/2006, S. 1–11; Teil 2 Downside-Risikomaße 13/2006, S. 17–23; Teil 3 Kapitalmarktmodelle 14/2006, S. 14–20; Download unter, http://www.werner-gleissner.de/site/publikationen/WernerGleissner_Risikomasse-und-Bewertung.pdf

Gleißner, W. (2006b): Risikomanagement in Kapitalkostenbeteiligungsgesellschaften, in: Newsletter zur 6. Handelsblatt Jahrestagung Private Equity, 4. Ausgabe, 02/2006, S. 21–22

Gleißner, W. (2007): Beurteilung des Risikomanagements durch den Aufsichtsrat: nötig und möglich?, in: www.aufsichtsrat.de, 12/2007, S. 173–175: Download unter, http://www.werner-gleissner.de/site/publikationen/WernerGleissner_Beurteilung-des-Risikomanagements-durch-den-Aufsichtsrat-noetig-und-moeglich.pdf.

Gleißner, W. (2009a): Kapitalmarktorientierung statt Wertorientierung: Volkswirtschaftliche Konsequenzen von Fehlern bei Unternehmens- und Risikobewertungen, in: WSI Mitteilungen, 6/2009, S. 310–318

Gleißner, W. (2009b): Metarisiken in der Praxis: Parameter- und Modellrisiken in Risikoquantifizierungsmodellen, in: RISIKO MANAGER, 20 / 2009, S. 14–22

Gleißner, W. (2010): Unternehmenswert, Rating und Risiko, in: WPg Die Wirtschaftsprüfung, 14/2010, 63. Jg., S. 735–743

Gleißner, W. (2011a): Der Einfluss der Insolvenzwahrscheinlichkeit (Rating) auf den Unternehmenswert und die Eigenkapitalkosten, in: CORPORATE FINANCE biz 4 / 2011, S. 243–251

Gleißner, W. (2011b): Wertorientierte Unternehmensführung und risikogerechte Kapitalkosten: Risikoanalyse statt Kapitalmarktdaten als Informationsgrundlage, in: Controlling, 3 / 2011, S. 165–171

Gleißner, W. (2011c): Kritische Analyse von Entscheidungsvorlagen – Ein praxisorientierter Ansatz zur Reduzierung der Informationsasymmetrie zwischen Vorstand und Aufsichtsrat, in: Heyd, Reinhard / Beyer, Michael (Hrsg.): Die Prinzipal-Agenten-Theorie in der Finanzwirtschaft – Analysen und Anwendungsmöglichkeiten in der Praxis, 2011, S. 243–257

Gleißner, W. (2011d): Quantitative Verfahren im Risikomanagement: Risikoaggregation, Risikomaße und Performancemaße, in: Klein, A. (Hrsg.): Der Controlling-Berater, Band 16, Haufe-Lexware, Freiburg 2011, S. 179–204

Gleißner, W. (2011e): Risikoanalyse und Replikation für Unternehmensbewertung und wertorientierte Unternehmenssteuerung, in: WiSt, 7 / 11, S. 345–352

Gleißner, W. (2013a): Die risikogerechte Bewertung alternativer Unternehmensstrategien: ein Fallbeispiel jenseits CAPM, in: Bewertungspraktiker, 3 / 2013, S. 82–89

Gleißner, W. (2013b): Die unterschätzte Gefahr – Refinanzierungsrisiken, in: die bank 2/2013, S. 51–53

Gleißner, W. (2013c): Für Kinder, Laien und Vorstände, in: Harvard Business Manager, 11 / 2013, S. 104–107

Gleißner, W. (2013d): Risiko, Rating, Krisenprävention und wertorientiertes Management: Die Zusammenhänge, in: Der Aufsichtsrat, Heft 07 / 08, Seite 114–116

Gleißner, W. (2013e): Unsicherheit, Risiko und Unternehmenswert, in: Petersen, K. / Zwirner, C. / Brösel, G. (Hrsg.), Handbuch Unternehmensbewertung, Bundesanzeiger Verlag, Köln 2013, S. 691–721

Gleißner, W. (2014a): 10 Gebote für gute unternehmerische Entscheidungen, in: Controller Magazin, 4 / 2014, S. 34–41

Gleißner, W. (2014b): Kapitalmarktorientierte Unternehmensbewertung: Erkenntnisse der empirischen Kapitalmarktforschung und alternative Bewertungsmethoden, in: Corporate Finance, 4 / 2014, S. 151–167

Gleißner, W. (2014c): Quantifizierung komplexer Risiken – Fallbeispiel Projektrisiken, in: Risiko Manager, 22/2014, S. 1, 7–10

Gleißner, W. (2015): Grundlagen des Risikomanagements im Unternehmen, 3. Auflage, Vahlen Verlag, München 2015

Gleißner, W. / Bemmann, M. (2008): Die Rating-Qualität verbessern, in: die bank, Nr. 9/2008, S. 51–55

Gleißner, W. / Berger, T. / Rinne, M. / Schmidt, M. (2005): Risikoberichterstattung und Risikoprofile von HDAX-Unternehmen 2000 bis 2003, in: Finanz Betrieb, 5/2005, S. 343–353

Gleißner, W. / Füser, K. (2014): Praxishandbuch Rating und Finanzierung – Strategien für den Mittelstand, 3. Auflage mit CD-ROM, Verlag Vahlen, München 2014

Gleißner, W. / Grundmann, T. (2008): Risiko-Benchmark-Werte für das Risikocontrolling deutscher Unternehmen, in: ZfCM, Zeitschrift für Controlling & Management, 52. Jg. 2008, H. 5, S. 314–319

Gleißner, W. / Kalwait, R. (2010): Integration von Risikomanagement und Controlling – Plädoyer für einen völlig neuen Umgang mit Planungssicherheit im Controlling, in: Controller Magazin, Ausgabe 4, Juli/August 2010, S. 23–34

Gleißner, W. / Lenz, A. / Tilch, T. (2011): Risikogerechte Beteiligungsbewertung - Die Bedeutung von Wertanalysen im gesetzlichen Kontext, in: ZfCM | Controlling & Management, S. 158 –164

Gleißner, W. / Mott, B. (2008): Risikomanagement auf dem Prüfstand, ZRFG, Heft 2/2008, S.53–63

Gleißner, W. / Nguyen, T. (2013): Prämienkalkulation und die „Sanierung“ von Versicherungsverträgen, in: Zeitschrift für die gesamte Versicherungswissenschaft, Oktober 2013, S. 367–387

Gleißner, W. / Presber, R. (2010): Die Grundsätze ordnungsgemäßer Planung – GOP 2.1 des BDU: Nutzen für die betriebswirtschaftliche Steuerung, in: Controller Magazin, Ausgabe 6, November/Dezember 2010, S. 82–86

Gleißner, W. / Romeike, F. (2008): Analyse der Subprime-Krise: Risikoblindheit und Methodikschwächen, in: RISIKO MANAGER, 21/2008, S. 8–12

Gleißner, W. / Romeike, F. (2011): Die größte anzunehmende Dummheit im Risikomanagement: Berechnung der Summe von Schadenserwartungswerten als Maß für den Gesamtrisikoumfang, in: Risk, Compliance & Audit, 1/2011, S. 21–26

Gleißner, W. / Romeike, F. (2012a): Bandbreitenplanung und unternehmerische Entscheidungen bei Unsicherheit, in: Risk, Compliance & Audit 1/2012, S. 17–22

Gleißner, W. / Romeike, F. (2012b): Effektives Risikomanagement zur Verbesserung von Planungsunsicherheit und Krisenstabilität, in: Risk, Compliance & Audit 2/2012, S. 28–33

Gleißner, W. / Romeike, F. (2012c): Gute Frage: Was sind die „Grundsätze ordnungsgemäßer Planung (GoP)"?, in: Risk, Compliance & Audit, 1/2012, S. 14–16

Gleißner, W. / Wolfrum, M. (2008): Eigenkapitalkosten und die Bewertung nicht börsennotierter Unternehmen: Relevanz von Diversifikationsgrad und Risikomaß, in: FINANZ BETRIEB, 9/2008, S. 602–614

Hagemeister, M. / Kempf, A. (2010): CAPM und erwartete Renditen, in DBW, 2 / 2010, S. 145–164

Henschel, T. / Busch, S. (2015): Benchmarkstudie zum Stand und zu Perspektiven des Risikomanagements in deutschen KMU, in: Controller Magazin, 1 / 2015

Jung, H. (2003): Controlling, München, S. 367, 368

Kahneman, D. / Tversky, A. (1979): Prospect Theory: An analysis of decision under risk, Econometrica, vol. 47, S. 263–291

Kajüter, P. (2004): Die Regulierung des Risikomanagements im internationalen Vergleich, in: ZfCM, Zeitschrift für Controlling & Management, Heft 3/2004

Kerins, F. / Smith, J.K. / Smith, R. (2004): Opportunity Cost of Capital for Venture Capital Investors and Entrepreneurs, in: Journal of financial and quantitative analysis, 39/2004, No. 2, S. 385–405

Klein, M. (2011): Monte-Carlo Simulation und Fuzzyfizierung qualitativer Informationen bei der Unternehmensbewertung, Dissertation, Universität Erlangen-Nürnberg, Nürnberg 2011

Knabe, M. (2012): Die Berücksichtigung von Insolvenzrisiken in der Unternehmensbewertung, EUL Verlag, Lohmar 2012

Kruschwitz, L. / Milde, H. (1996): Geschäftsrisiko, Finanzierungsrisiko und Kapitalkosten, in: Zfbf, 48 / 1996, S. 1115–1133

Kürsten, W. (2006): Corporate Hedging, Stakeholderinteresse und Shareholder-Value, Journal für Betriebswirtschaft, Jg. 56, S. 3–31

Pedersen, C. / Satchell, S. (1998): An Extended Family of Financial-Risk Measures, in: Geneva Papers of Risk and Insurance 1998, S. 89–117

Rockafellar, T. / Uryasev, S. / Zabarankin, M. (2002): Deviation Measures in Risk Analysis and Optimization, in: Research Report 12 / 2002, S. 1–27

Romeike, F. (2008): Rechtliche Grundlagen des Risikomanagement Haftungs- und Strafvermeidung für Corporate Compliance, Erich Schmidt Verlag, Berlin 2008

Romeike, F. / Hager, P. (2013): Erfolgsfaktor Risikomanagement 3.0: Lessons learned, Methoden, Checklisten und Implementierung, Springer Verlag, Wiesbaden 2013

Pritsch, G. / Hommel, U. (1997): Hedging im Sinne des Aktionärs – Ökonomische Erklärungsansätze für das unternehmerische Risikomanagement, DBW, 57/1997.

Renn, O. (2014): Das Risikoparadox – Warum wir uns vor dem Falschen fürchten, Fischer Taschenbuch, Frankfurt 2014

Sinn, H.-W. (1980): Ökonomische Entscheidungen bei Unsicherheit, Tübingen 1980

Slovic, P. (2004): What's fear got to do with it? It's affect we need to worry about, in: Missouri Law Review, 69, S. 971–990

Spremann, K. (2004): Valuation, München / Wien 2004

Stulz, R. M. (2008): Risk Management Failures: What Are They and When Do They Happen?, in http://onlinelibrary.wiley.com/doi/10.1111/j.1745-6622.2008.00202.x/abstract

Taleb, N.N. (2008): Der schwarze Schwan – Die Macht höchst unwahrscheinlicher Ereignisse, München 2008 (engl. Original: The Black Swan, 2007)

Vanini, U. (2012): Risikomanagement – Grundlagen, Instrumente, Unternehmenspraxis, Schäffer-Poeschel Verlag, Stuttgart 2012

von Metzler, L. (2004): Risikoaggregation im industriellen Controlling, Eul Verlag, Lohmar 2004

von Nitzsch, R. / Goldberg, J. (2004): Behavioral Finance, München 2004

Walkshäusl, C. (2012): Die Volatilitätsanomalie auf dem deutschen Aktienmarkt: Mit weniger Risiko zu einer besseren Performance, in: Corporate Finance biz, 02/2012, S. 81–86

Walkshäusl, C. (2013): The High Returns to Low Volatility Stocks are Actually a Premium on High Quality Firms, in: Review of Financial Economics, Volume 22, Issue 4, S. 180–186

Winter, P. (2007): Risikocontrolling in Nicht-Finanzunternehmen – Entwicklung einer tragfähigen Risikocontrolling-Konzeption und Vorschlag zur Gestaltung einer Risikorechnung (Dissertation Universität Mannheim 2006), Josef Eul Verlag, Lohmar 2007

Zeder, M. (2007): Extreme Value Theory im Risikomanagement, Versus Verlag, 2007

Zhang, C. (2009): On the explanatory power of firm-specific variables in cross-sections of expected returns, in: Journal of Empirical Finance 16, S. 306–317

Internetadressen

http://www.futurevalue.de

http://www.statistics4u.info/fundstat_germ/cc_fractile.html Stand am 24.08.09

http://www.risknet.de/Glossar.93.0.html?&tx_simpleglossar_pi1[headerList]=D&tx_simpleglossar_pi1[showUid]=292. Stand am 24.08.09

http://wirtschaftslexikon.gabler.de/Definition/finanzierungstheorie.html. Stand am 24.08.09

http://www.isb.uzh.ch/financewiki/index.php/Konkurskosten Stand am 24.08.09 Glossar www.futurevalue.de

http://behavioralfinanceblog.de/2008/04/23/die-reprasentativitat sheuristik/ Stand am 24.08.09

http://wirtschaftslexikon.gabler.de/Definition/simulation.html Stand am 24.08.09

http://www.louisepryor.com/showTopic.do?topic=33 Stand am 25.08.09

http://www.informs-sim.org/wsc02papers/210.pdf Stand am 25.08.09

Index